普通高等教育规划教材

电工与电子技术实验

第 3 版

主　编　王和平
副主编　赵会军
参　编　钱　欣　张　婕　朱新峰
主　审　高　嵩

机械工业出版社

本教材是根据高等工科院校"电工技术"、"电子技术"、"电工电子学"等课程教学基本要求，结合编者多年教学、科研和生产实践经验及当前科学技术发展中的一些新知识、新技术编写的。

教材中主要包括基本实验、应用及设计性实验等实验内容。附录部分包括常用电路元件简介、半导体分立器件性能简介和管脚判别方法、常用集成电路简介、电工仪表简介及应用实例、新型电子芯片及模块应用实例等内容。本教材内容丰富，而且具有综合性、趣味性、实用性，突出动手能力和创新意识的培养。

本教材为理工科非电类专业电工与电子技术实验教材，也可供相关专业工程技术人员参考。

图书在版编目（CIP）数据

电工与电子技术实验/王和平主编. —3 版. —北京：机械工业出版社，2010.9

普通高等教育规划教材

ISBN 978 – 7 – 111 – 31856 – 9

Ⅰ.①电… Ⅱ.①王… Ⅲ.①电工技术 – 实验 – 高等学校 – 教材②电子技术 – 实验 – 高等学校 – 教材 Ⅳ.①TM – 33 ②TN – 33

中国版本图书馆 CIP 数据核字（2010）第 176494 号

机械工业出版社（北京市百万庄大街 22 号 邮政编码 100037）

策划编辑：吉 玲 责任编辑：吉 玲

责任校对：张莉娟 责任印制：杨 曦

北京京丰印刷厂印刷

2010 年 9 月第 3 版·第 1 次印刷

184mm×260mm·9 印张·218 千字

标准书号：ISBN 978 – 7 – 111 – 31856 – 9

定价：19.00 元

前　言

　　"电工技术"、"电子技术"、"电工电子学"等课程，是高等工科院校理工科非电专业的技术基础课程，《电工与电子技术实验》是配合上述课程编写的实验指导书。随着现代科学技术的飞速发展，电工与电子技术得到越来越广泛的应用，因此，本教材内容的设计原则是：尽量贴近岗位和实用，巩固基础知识，培养实践技能，教、学、做一体，工学结合，全面提高学生的实践能力和职业技能。本教材是在多年实验教学改革和科研工作经验的基础上，经过在教学中不断改进，及时融入新知识、新技术编写而成的。在实验教学内容和方法上突出能力培养，减少验证性实验，增加应用及设计性等开放性实验，培养基础扎实、知识新、能力强的新型人才。本教材主要内容如下：

　　（1）基本实验　通过基本实验巩固基础知识、培养基本技能。

　　（2）应用及设计性实验　通过该部分实验加强了相关知识向课外的延伸和拓展。

　　（3）附录　包括常用电路元件简介、半导体分立器件性能简介和管脚判别方法、常用集成电路简介、新型电子芯片及模块应用实例、电工仪表简介及应用实例等内容，知识新、实用性强，为学生进行实用电路设计、电子科技制作及培养创新能力、拓宽思路打下基础。

　　本教材内容丰富、知识面广、实用性强、通用性好，融知识性、趣味性、实用性为一体，从而贯彻素质教育，全面提高学生的实践能力，培养创新意识和创新能力。各专业可根据需要选择实验内容。

　　本教材由王和平教授担任主编，赵会军教授担任副主编，高嵩教授担任主审。实验七、九、十四、十五、十八由钱欣编写；实验十三、十六、十七、十九由张婕编写；实验一～六、八、十一、二十、二十二～二十六、附录 D 由王和平编写；附录 E 由朱新峰编写；实验十、十二、十五、十六、二十一，附录 A～C 由赵会军编写。王和平负责全书的统稿、修改、定稿和绘图工作。

　　由于学识水平有限，书中难免有疏漏和错误之处，恳请广大读者提出宝贵意见。

编　者

目 录

实 验 须 知

电工与电子技术实验课的目的是：进行实验基本技能的训练；巩固、加深并扩展所学到的理论知识；培养实践能力和创新精神。通过该实验课的教学，应使学生在实验技能上达到如下要求：学会正确使用常用电工仪表、仪器和一些电工实验设备；按电路图连接实验线路和合理布线，能初步分析并排除故障；认真观察实验现象，正确地读取数据并加以检查和判断，正确书写实验报告和分析实验结果；具有根据实验任务确定实验方案、设计实验线路和选择实验仪器设备的初步能力；正确运用实验手段来验证一些定理和结论。在培养基本技能的基础上，能灵活运用所学知识处理一些实际问题，培养创新能力，提高综合素质。具体要求如下：

一、课前预习

实验能否顺利进行和收到预期的效果，很大程度上取决于预习准备的是否充分。因此，要求在预习时仔细阅读实验指导书和其他参考资料，明确实验的目的、任务，了解实验的基本原理以及实验路线、方法、步骤，清楚实验中要注意哪些现象、记录哪些数据和注意哪些事项，准备好记录表格。不预习者不得进行实验。

二、实验操作

（1）实验前认真听取指导教师讲解实验内容和注意事项。

（2）学生到指定实验台做实验。实验前先检查仪器设备的型号、规格、数量等是否与实验要求相符，然后检查各仪器设备是否完好，如有问题及时向教师提出，以便处理。不得随便动用与本实验无关的仪器设备。

（3）实验电路布线简洁明了，便于测量，导线的长短粗细要合适、尽量短、少交叉，防止连线短路。接线片不宜过于集中于某一点，所有仪器设备和仪表，都要严格按规定的接法正确接入电路。例如：电流表及功率表的电流线圈一定要串联在电路中，电压表及功率表的电压线圈一定要并联在电路中。正确选择测量仪表的量程，正确选择各个仪器设备的电流、电压的额定值，否则会造成严重事故。调压器等可调设备的起始位置要放在最安全处，电路接好后，要仔细复查。确定无误后，请指导教师检查批准，方可进行实验。

（4）实验操作时同组人员要注意配合，尤其做强电实验时要注意：手合电源，眼观全局，先看现象，再读数据。将可调电源电压缓慢上调到所需数值。一有异常现象，例如：有声响、冒烟、打火、焦臭味及设备发烫等异常现象，应立即切断电源，分析原因，查找故障。

（5）读数前要弄清仪表的量程及刻度，读数时注意姿势正确，要求"眼、针、影成一线"。注意仪表指针位置，及时变换量程使指针指示于误差最小的范围内。变换量程要在切断电源情况下进行。

（6）将所有数据记在原始记录表上，数据记录要完整、清晰，力求表格化，一目了然，合理取舍有效数字。要尊重原始记录，实验后不得涂改，养成良好的记录习惯，培养工程意识。交实验报告时，将原始记录一起附上。

（7）完成实验后，应该核对实验数据是否完整和正确，确定无误后，交指导老师审查并在原始记录上签字，然后拆线（先切断电源，后拆线），做好仪器设备、导线、实验台面及环境的清洁和整理工作。

三、写实验报告

实验报告是实验工作的全面总结，要用简明的形式将实验结果完整和真实地表达出来。报告要求文理通顺，简明扼要，字迹端正，图表清晰，结论正确，分析合理，讨论深入。实验报告采用规定格式的报告纸，实验报告一般应包括如下几项：

1）实验名称。

2）实验目的。

3）实验仪器及设备。

4）实验原理。

5）实验步骤及电路图。

6）数据图表及计算。

7）实验结果及误差分析。

8）思考题回答。

对实验数据的处理，要合理取舍有效数字。报告中的所有图表、曲线均按工程化要求绘制。波形曲线一律画在坐标纸上，比例要适中，坐标轴上应注明物理量的符号和单位。

四、有效数字的概念和处理规则

1. 有效数字的概念

在测量和数字计算中，用几位数字来代表测量或计算结果是很重要的，它涉及到有效数字和计算规则问题，不是取得位数越多越准确。

在记录测量数值时，该用几位数字来表示呢？下面通过一个具体例子来说明。如图 0-1 所示，一个 0~50V 的电压表在三种测量情况下指针的指示结果。第一次指针指在 42~43V 之间，可记作 42.5V。其中数字"42"是可靠的，称为可靠数字，而最后一位数"5"是估计出来的不可靠数字（欠准数字），两者合称为有效数字。通常只允许保留一位不可靠数字。对于 42.5 这个数字来说，有效数字是三位。第三次指针指在 30V 的地方，应记为 30.0V，这也是三位有效数字。

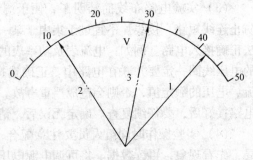

图 0-1　电压表指示情况

数字"0"在数中可能不是有效数字。例如：42.5V 还可写成 0.0425kV，这时前面的两个"0"仅与所用单位有关，不是有效数字，该数的有效数字仍为三位。读数末位的"0"不能任意增减，它是由测量设备的准确度决定的。

2. 有效数字的正确表示

（1）记录测量数值时，只保留一位不可靠数字。通常，最后一位有效数字可能有 ±1 个单位或 ±0.5 个单位的误差。

（2）有效数字的位数应取得与所用仪器的误差（准确度）相一致，并在表示时注意与误差量的单位相配合。大数值和小数值要用幂的乘积形式来表示。

例如：仪器的测量误差为 ±0.01V，而测量的数据为 3.212V，其结果应取为 3.21V，有效数字为三位。

例如：仪器的测量误差为 ±2kHz，而测量数据为 6800kHz，这里最后一位有效数字与误差单位是配合的，有效数字为四位。也可表示为 $6.800 \times 10^3 kHz$ 和 $6800 \times 10^3 Hz$。但不能表示为 6.8MHz 和 6800000Hz。

（3）在所有计算式中，常数（如 π、e 等）的有效数字的位数可以没有限制，在计算中需要几位就取几位。

（4）表示误差时，一般只取一位有效数字，最多取两位有效数字。例如：±1%、±1.5%。

3. 有效数字的运算规则

处理数字时，常常要运算一些精度不相等的数值。按照一定运算规则计算，既可以提高计算速度，又不会因数字过少而影响计算结果的精度。常用规则如下：

（1）加减运算时，各数所保留的小数点后的位数，一般应与各数中小数点后位数最少的相同。例如：13.6、0.056、1.666 相加，小数点后最少位数是一位（13.6），所以应将其余两数修约到小数点后一位，然后相加，即

$$13.6 + 0.1 + 1.7 = 15.4$$

为了减少计算误差，也可以在修约时多保留一位小数，即

$$13.6 + 0.06 + 1.67 = 15.33$$

其结果应为 15.3。

（2）乘除运算时，各因子及计算结果所保留的位数，一般与小数点位置无关，应以有效数字位数最少的项为准。例如：0.12、1.057 和 23.41 相乘，有效数字位数最少的是两位（0.12），则

$$0.12 \times 1.06 \times 23.41 = 2.98$$

第一部分 基本实验

实验一 电位测定

一、实验目的

（1）学习电位测定方法。

（2）加深对电位、电压概念的理解。

二、实验仪器和设备

（1）双路直流稳压电源   1 台

（2）直流电压表   1 块

（3）直流电流表   1 块

（4）电路实验板   1 块

三、实验原理与说明

在电路中，任选一点作为电位的参考点，则其他各点与参考点间的电压就称为该点的电位。任何两点间的电位差等于该两点间的电压。

四、实验步骤

（1）利用实验板，按图 1-1 接线。其中，U_{S1} 及 U_{S2} 为直流稳压电源。

（2）用电源调出 $U_{S1} = +6V$，$U_{S2} = +12V$。将 R_1、R_2、R_3、R_4、R_5 的给定值及实测值记录于表 1-1 中。

（3）测量电压 U_{af}、U_{ab}、U_{bc}、U_{cd}、U_{de}、U_{ef}，并将测量所得数据记录于表 1-2 中。

（4）选 f 点为电位参考点，测量各点电位 V_a、V_b、V_c、V_d、V_e，并将测量所得数据记录于表 1-2 中。

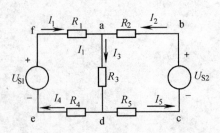

图 1-1 实验原理图

（5）用实验所得的数据验证两点的电位差就是两点的电压：

$$V_a - V_b = U_{ab} \qquad V_b - V_c = U_{bc} \qquad V_c - V_d = U_{cd}$$
$$V_d - V_e = U_{de} \qquad V_e - V_f = U_{ef} \qquad V_f - V_a = U_{fa}$$

（6）用实验所得的数据验证基尔霍夫电压定律：

$$U_{ab} + U_{bc} + U_{cd} + U_{de} + U_{ef} + U_{fa} = 0$$

或
$$R_1I_1 - R_2I_2 + R_4I_4 - R_5I_5 = U_{S1} - U_{S2}$$

（7）根据给定的 U_{S1}、U_{S2}、R_1、R_2、R_3、R_4、R_5 估算上述所有测量的量，并把估算结果数据填入表 1-2 中。将上述测量所得数据与估算所得数据进行比较，如有误差试分析原因。

五、实验结果与数据

表 1-1　电路参数测量结果

	U_{S1}/V	U_{S2}/V	R_1/Ω	R_2/Ω	R_3/Ω	R_4/Ω	R_5/Ω
给定值							
实测数	—	—					

表 1-2　各点电位测量结果

	U_{ab}/V	U_{bc}/V	U_{cd}/V	U_{de}/V	U_{ef}/V	U_{fa}/V
测量值						
估算值						
	V_a/V	V_b/V	V_c/V	V_d/V	V_e/V	
测量值						
估算值						
	U_{ab}/V	U_{bc}/V	U_{cd}/V	U_{de}/V	U_{ef}/V	U_{fa}/V
测量值						
估算值						
	V_a/V	V_b/V	V_c/V	V_d/V	V_e/V	
测量值						
估算值						

六、注意事项

（1）直流稳压电源只能供出功率，不得吸收功率。

（2）测电压、电位、电流时，注意直流电压表和直流电流表的极性。

七、思考题

试根据实验所得数据，在坐标纸上画出该实验电路的电位分布图。（提示：电位分布图是一条折线式曲线。纵坐标为电位值；横坐标为沿回路电阻分布值，各接点在横坐标上的位置与其相应的电阻值相对应。理想电压源内阻等于零，所以该段是一条垂直于横坐标的直线段，这个线段的两个端点是它两个接线端的电位。）

实验二 叠加定理

一、实验目的

（1）验证叠加定理和基尔霍夫定律，加深对它们的理解。
（2）加深对电压、电流参考方向的理解。
（3）进一步掌握直流电压、电流的测量方法及仪表的使用。

二、实验仪器与设备

（1）双路直流稳压电源   1 台
（2）直流电压表、电流表   各 1 块
（3）实验电路板   1 块

三、实验原理与说明

1. 基尔霍夫定律

基尔霍夫电流定律和电压定律是电路的基本定律，它们分别用来描述节点电流和回路电压，即对电路中的任一节点而言，在设定电流的参考方向下，应有 $\sum I = 0$，一般流出节点的电流取正号，流入节点的电流取负号；对任何一个闭合回路而言，在设定电压的参考方向下，绕行一周，应有 $\sum U = 0$，一般电压方向与绕行方向一致的电压取正号，电压方向与绕行方向相反的电压取负号。

2. 叠加定理

在任一线性网络中，多个激励同时作用的总响应等于每个激励单独作用时引起的响应之和，这就是叠加定理。

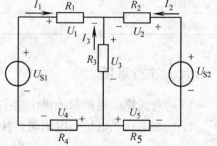

图 2-1 实验原理图

如图 2-1 所示，线性网络中有两个激励：U_{S1} 和 U_{S2}，在电阻 R_1 支路上，U_{S1} 单独作用时电流为 I_1'，U_{S2} 单独作用时电流为 I_1''，U_{S1} 和 U_{S2} 共同作用时电流为 I_1，则根据叠加定理有 $I_1 = I_1' + I_1''$，同样可以得出：

$$I_2 = I_2' + I_2'' \qquad I_3 = I_3' + I_3''$$

$$U_1 = U_1' + U_1'' \qquad U_2 = U_2' + U_2''$$

$$U_3 = U_3' + U_3'' \qquad U_4 = U_4' + U_4'' \qquad U_5 = U_5' + U_5''$$

四、实验步骤

（1）在实验电路板上，按图 2-1 接线，在实验前，必须设定电路中所有电流、电压的参考方向。

（2）用直流电源调出 $U_{S1} = +5V$，$U_{S2} = +12V$。将给定值 U_{S1}、U_{S2}、R_1、R_2、R_3、R_4、R_5 记录于表 2-1 中。

（3）测量电流 I_1、I_2、I_3 和电压 U_1、U_2、U_3、U_4、U_5，并将所得数据记录于表 2-2 中。

（4）将 U_{S2} 拆掉（即 U_{S1} 单独作用），将原接入点短路，测量电流 I_1'、I_2'、I_3' 和电压 U_1'、U_2'、U_3'、U_4'、U_5'，将所得数据记录于表 2-2 中。

（5）将 U_{S2} 复接入电路原位置，将 U_{S1} 拆掉（即 U_{S2} 单独作用），并将该处原接入点短路，测量电流 I_1''、I_2''、I_3'' 和电压 U_1''、U_2''、U_3''、U_4''、U_5''，并将所得数据记录于表 2-2 中。

（6）应用上述测量所得数据，验证叠加定理。

（7）应用上述测量所得数据，验证基尔霍夫定律。

KCL：$-I_1 - I_2 - I_3 = 0$

KVL：左回路　$U_1 + U_3 + U_4 - U_{S1} = 0$　或　$(R_1 + R_4)I_1 - R_3 I_3 = U_{S1}$

右回路　$U_2 + U_5 + U_3 - U_{S2} = 0$　或　$(R_2 + R_5)I_2 - R_3 I_3 = U_{S2}$

大回路　$-U_{S1} + U_1 - U_2 + U_{S2} - U_5 + U_4 = 0$　或　$(R_1 + R_4)I_1 - (R_2 + R_5)I_2 = U_{S1} - U_{S2}$

（8）根据给定的 U_{S1}、U_{S2}、R_1、R_2、R_3、R_4、R_5，估算上述所有被测量的值，并把估算值填入表 2-2 中。将估算值与实际测量所得数据进行比较，如有误差分析原因。

五、实验结果与数据

表 2-1　电路参数测量结果

	U_{S1}/V	U_{S2}/V	R_1/Ω	R_2/Ω	R_3/Ω	R_4/Ω	R_5/Ω
给定值							
实测值	—	—					

表 2-2　各处电流、电压测量结果

U_{S1} 和 U_{S2} 共同作用	I_1/A	I_2/A	I_5/A	U_1/V	U_2/V	U_3/V	U_4/V	U_5/V
测量值								
估算值								
U_{S1} 作用	I_1'/A	I_2'/A	I_5'/A	U_1'/V	U_2'/V	U_3'/V	U_4'/V	U_5'/V
测量值								
估算值								
U_{S2} 作用	I_1''/A	I_2''/A	I_5''/A	U_1''/V	U_2''/V	U_3''/V	U_4''/V	U_5''/V
测量值								
估算值								

六、注意事项

（1）在实验操作中，始终注意直流稳压源不得短路，保证它处于电源工作状态（即只能输出功率）。

（2）若用指针式电流表进行测量时，要识别电流插头所接电流表的"＋"、"－"极性，根据电压、电流的实际方向及时正确地变换仪表接头的极性，倘若不换接极性，则电流表指针可能反偏（电流为负值时），此时必须调换电流表极性，重新测量，此时指针正偏，但读得的电流值必须冠以负号。

七、思考题

（1）根据所得的数据计算：

1）U_{S1}、U_{S2}各自供出的功率及二者供出的总功率。

2）R_1、R_2、R_3、R_4、R_5各自吸收的功率并进行比较。对比较结果有何分析？

（2）根据基尔霍夫定律和叠加定律，应用测量所得数据，论证回答下列问题：

1）将图2-1中的U_{S1}极性反接，则I_1、I_2、I_5将各为多少安？

2）将图2-1中的U_{S2}极性反接，则I_1、I_2、I_5将各为多少安？

3）将图2-1中的U_{S1}和U_{S2}都反接，则I_1、I_2、I_5将各为多少安？

（3）实验中，若用指针式万用表直流毫安挡测各支路电流，什么情况下可能出现毫安表指针反偏，应如何处理，在记录数据时应注意什么？若用直流数字毫安表进行测量时，则会有什么显示呢？

实验三　戴维南定理——有源二端网络等效参数的测定

一、实验目的

（1）验证戴维南定理的正确性，加深对该定理的理解。
（2）学习有源二端网络等效参数的测量方法。
（3）通过实验证明负载上获得最大功率的条件。

二、实验设备

（1）直流电压表、直流毫安表　　　　各1块
（2）恒压源（双路0～30V可调）　　　1台
（3）恒源流（0～200mA可调）　　　　1台
（4）可变电阻箱　　　　　　　　　　1个
（5）实验电路板　　　　　　　　　　1块

三、实验原理与说明

1. 戴维南定理

戴维南定理指出：任何一个有源二端网络（如图3-1a所示），总可以用一个电压源U_S和一个电阻R_S串联组成的实际电压源来代替（如图3-1b所示），其中，电压源U_S等于这个有源二端网络的开路电压U_{OC}（如图3-1c所示），内阻R_S等于该网络中所有独立电源均置零（电压源短接，电流源开路）后的等效电阻R_O（如图3-1d所示）。

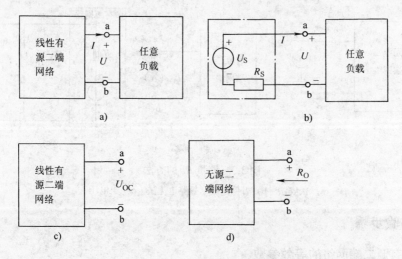

图3-1　戴维南等效电路原理

U_S、R_S称为有源二端网络的等效参数。

2. 有源二端网络等效参数的测量方法

（1）开路电压 U_{OC} 的测量

方法一　当入端等效内阻 R_S 和电压表内阻 R_V 相比可以忽略不计时，可以直接用电压表测量开路电压。

方法二　在测量具有高内阻有源二端网络的开路电压时，用电压表进行直接测量会造成较大的误差。为了消除电压表内阻的影响，往往采用零示测量法，如图3-2所示。零示法测量原理是用一低内阻的恒压源与被测有源二端网络进行比较，当恒压源的输出电压与有源二端网络的开路电压相等时，电压表的读数将为"0"，然后将电路断开，测量此时恒压源的输出电压 U，即为被测有源二端网络的开路电压。

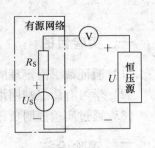

图3-2　零示法测内阻

本实验采用方法一。

（2）有源二端网络入端内阻 R_S 的测量

方法一　伏安法

将网络内所有电压源的电压及电流源的电流均设为零，在两端网络端钮 a、b 处施加一个已知电压 U，测出端钮 a、b 处的电流 I 后，则入端电阻 $R_S = U/I$，如图3-3a 所示。

方法二　开路电压、短路电流法

在有源二端网络输出端开路时，用电压表直接测其输出端的开路电压 U_{OC}，然后再将其输出端短路，测其短路电流 I_{SC}，其入端内阻 $R_S = U_{OC}/I_{SC}$，如图3-3b 所示。

若有源二端网络的内阻值很低时，则不宜测其短路电流。

方法三　半电压法

如图3-3c 所示，当负载电压为被测网络开路电压 U_{OC} 的一半时，负载电阻 R_L 的大小（由电阻箱的读数确定）即为被测有源二端网络的等效内阻 R_S 数值。

本实验采用方法二。

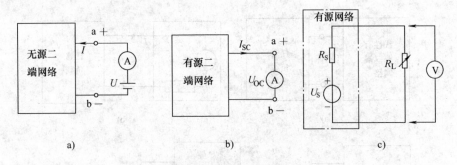

图3-3　测量 R_S 的方法

a）伏安法　b）开路电压、短路电流法　c）半电压法

四、实验步骤

1. 测量有源二端网络的等效参数

被测有源二端网络如图3-4所示，接入稳压源 $U_S = 12V$ 和恒流源 $I_S = 20mA$。

开关 S_1 打到向上位置，开关 S_2 打到"断"位置，测 A、B 两点的电压即为 U_{OC}；开关

S_1 打到向下位置，开关 S_2 仍然打到"断"位置，将电流表的插头插入电流插孔 C 处，可测得短路电流 I_{SC}。$R_S = U_{OC}/I_{SC}$，计算 R_S 并填入表 3-1 中。

2. 负载实验

按表 3-2 的要求，在实验箱上选择相应数值的电阻作为 R_L，分别接入 A、B 处（开关 S_2 仍然打到"断"位置），测量其电流（从插孔 C 处测量）以及 R_L 两端电压，即测量有源二端网络的外特性，填入表 3-2 中。

3. 验证戴维南定理

将电阻箱的阻值调整为等效电阻 R_S 值，将直流稳压电源调整为开路电压 U_{OC} 值，仍将实验箱上相应数值的电阻作为 R_L 分别接入，即按照图 3-5 接线，仿照步骤 2 测量，对戴维南定理进行验证，填入表 3-3 中。

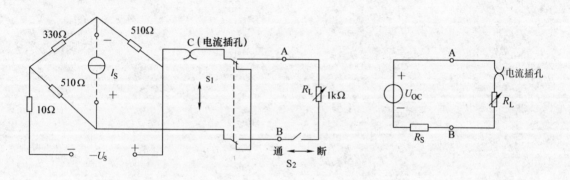

图 3-4　实验电路图　　　　　　　　　图 3-5　组成等效电路

五、实验结果与数据

表 3-1　有源二端网络等效参数的测量

U_{OC}/V	I_{SC}/mA	$R_S = U_{OC}/I_{SC}$

表 3-2　测量有源二端网络的外特性

R_L/Ω	1000	510	200
U/V			
I/mA			

表 3-3　验证戴维南定理

R_L/Ω	1000	510	200
U/V			
I/mA			

六、注意事项

（1）测量时，注意电流表量程的更换。

（2）改接线路时，要关掉电源。

七、思考题

（1）如何测量有源二端网络的开路电压和短路电流，在什么情况下不能直接测量开路电压和短路电流？

（2）说明测量有源二端网络开路电压及等效内阻的几种方法，并比较其优缺点。

（3）在求有源二端网络等效电路中的 R_S 时，如何理解"原网络中所有独立电源为零值"？实验中怎样使独立电源置零？

（4）用各种方法测得的 U_{OC}、R_S 与预习时电路计算的结果作比较，你能得出什么结论？

实验四 *RL* 串联电路及功率因数的提高

一、实验目的

（1）学习和掌握用实验方法分析阻抗的串联和并联电路。
（2）进一步掌握功率表的使用方法。
（3）了解提高功率因数的方法。

二、实验仪器及设备

（1）单相调压器　　　　　　1 台
（2）荧光灯组件　　　　　　1 套
（3）可变电容箱　　　　　　1 个
（4）交流电流表　　　　　　1 块
（5）交流电压表　　　　　　1 块
（6）低功率因数功率表　　　1 块
（7）电流测量插孔及插头　　1 套

三、实验原理与说明

本实验所用交流负载为荧光灯，荧光灯电路由灯管、镇流器、辉光启动器三部分组成，如图 4-1 所示。

荧光灯的起燃过程：在图 4-1 中，当 220V、50Hz 正弦交流电源接通的瞬间，电压全部加在辉光启动器动、静触头上，辉光启动器氖泡内气体导电产生热量使动触头受热伸展，与静触头接触，这时流过灯丝的电流增大，灯丝发热后发射电子，同时灯管内水银受热蒸发。氖泡内动、静触头接触后，氖泡内气体放电停止，动触头冷却收缩与静触头脱离，

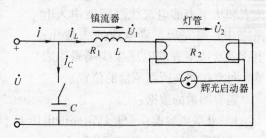

图 4-1 *RL* 电路提高 $\cos\varphi$ 实验原理图

使电路瞬时切断，此时由于电路电流突变，镇流器两端感应出了瞬时的高压，这一高压加在荧光管两端，使得荧光灯管内的电子运动速度加快。高速运动的电子碰撞管内的氩气分子，使氩气电离导电。氩气导电后产生热量，使管内水银加速蒸发的水银分子受电子、离子的碰撞也参与导电，此时除放出一些可见光外，还辐射出大量的紫外线。管壁上的荧光粉，在紫外线激发下就发出近似日光的可见光来。

灯管起燃后，可以近似地看作电阻性负载，它与镇流器串联，镇流器也有一定的电阻，但在此电路中可以将其忽略，而将其看作电感性元件。因此，我们将荧光灯电路看成 *RL* 串联的交流电路，它的功率因数较低。

对于这样一个低功率因数的感性负载，可以在其两端并联电容器来提高功率因数。

镇流器线圈可视为电阻 R_1 与电感 L 串联，它的复阻抗为 $Z_1 = R_1 + j\omega L$；灯管可视为纯电阻元件，它的复阻抗为 $Z_2 = R_2$；而整个荧光灯的等效复阻抗为

$$
\begin{aligned}
Z &= Z_1 + Z_2 \\
&= (R_1 + R_2) + j\omega L \\
&= R + j\omega L
\end{aligned}
$$

测量 U、I_L、P（荧光灯吸收的总功率），可计算出荧光灯的等效参数 R、L、$|Z|$ 和它的功率因数 $\lambda_1 = \cos\varphi_1$。

测量 U_2、I_L，可计算出灯管的等效参数 $Z_2 = R_2$。

荧光灯并联电容器后，荧光灯自身的所有电压、电流、功率、功率因数没有变化，但电路的总电流 I 减小，电路的总功率因数提高为

$$\lambda_2 = \cos\varphi_2 > \cos\varphi_1$$

已知 C 可得 $\cos\varphi_2$；反之，已知 $\cos\varphi_2$，可求得 C。

四、实验步骤

（1）调节变压器，将输出电压调到 220V。

（2）按图 4-2 接线。实验中电压表、电流表和功率表不要接死在电路中，为了测量方便，采用了电流测量插孔。

（3）按表 4-1 进行测量。

将电流表及功率表的电流接线端接上插头，插入电流测量插孔，则电流表和功率表的电流线圈即被串入电路之中，测完后，将电流插头拨出；电压表及功率表的电压接线端采用表笔，可靠接触在所需测量的位置。

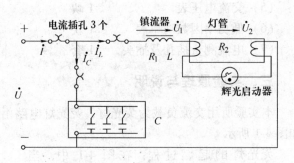

图 4-2　RL 电路提高 $\cos\varphi$ 实验接线图

需要测量的数据：

1）并联电容前：荧光灯电路的电压 U、电流 I、功率 P；

镇流器电压 U_1、功率 P_1；

灯管电压 U_2、电流 I_L、功率 P_2；由公式

$$\cos\varphi_1 = \frac{P}{UI}$$

计算出 $\cos\varphi_1$。

2）接入电容 C，重复上述测量，并测量电容电流 I_C。

由公式

$$C = \frac{P}{\omega U^2}(\tan\varphi_1 - \tan\varphi_2)$$

可计算出欲达到的 $\cos\varphi_2$ 时的电容 C 值。

将各次测量数据及计算数据填入表4-1中。

五、实验结果与数据

表 4-1 *RL* 电路提高功率因数测量结果

测量条件	测量值									计算值					
	U	U_1	U_2	I	I_L	I_C	P	P_1	P_2	R_1	R_2	R	L	λ_1	λ_2
单位	V	V	V	A	A	A	W	W	W	Ω	Ω	Ω	H		
不接 C						—			—						—
$C=1\,\mu\mathrm{F}$										—	—	—	—	—	
$C=2.2\,\mu\mathrm{F}$										—	—	—	—	—	
$C=3.2\,\mu\mathrm{F}$										—	—	—	—	—	

六、注意事项

（1）在实验过程中注意安全，防止触电。

（2）功率表电流线圈接线柱接电流插头，电压线圈接线柱接表笔，两"﹡"端不要再连线。

七、思考题

（1）如何使用万用表检查荧光灯电路的故障？

（2）在该电路中镇流器有两个作用，一是在荧光灯起动过程中产生高压，使荧光灯起燃，二是在荧光灯起燃后起分压作用，从而稳定电路中的电流。如果实验中忘记接入镇流器，会产生什么后果？

（3）欲将 $\cos\varphi_2$ 提高至 0.9，需要并入的电容是多少？

实验五 RLC 串联谐振电路及测试

一、实验目的

(1) 加深对串联谐振电路特性的理解。
(2) 学习测定 RLC 串联谐振电路的频率特性曲线。
(3) 学习低频信号发生器、交流毫伏表的使用方法。

二、实验仪器及设备

(1) 低频信号发生器　　　　1 台
(2) 交流毫伏表　　　　　　1 块
(3) 电阻（51Ω、100Ω）　　各 1 个
(4) 电容（0.033μF）　　　　1 个
(5) 空心电感器（9mH）　　 1 个

三、实验原理与说明

1. RLC 串联电路

图 5-1 为 RLC 串联电路，电路的阻抗是电源角频率 ω 的函数。

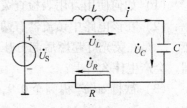

$$Z = R + \mathrm{j}\left(\omega L - \frac{1}{\omega C}\right) = |Z|\ \underline{/\varphi}$$

当有 $\omega L = \dfrac{1}{\omega C}$ 时，电路处于串联谐振状态，谐振角频率

图 5-1　RLC 串联电路

ω_0 及谐振频率 f_0 分别为

$$\omega_0 = \frac{1}{\sqrt{LC}} \qquad f_0 = \frac{1}{2\pi\sqrt{LC}}$$

它们仅与电路自身参数 L、C 有关，而与电阻 R 和激励电源的角频率无关。显然 $\omega < \omega_0$ 时，电路呈容性，阻抗角 $\varphi < 0$；$\omega > \omega_0$ 时，电路呈感性，阻抗角 $\varphi > 0$。

2. 电路在谐振状态时的特性

(1) 由于回路总电抗

$$X_0 = \omega_0 L - \frac{1}{\omega_0 C} = 0$$

因此，回路阻抗 $|Z_0|$ 为最小值，整个回路相当于一个纯电阻电路，激励电源的电压与回路的响应电流同相位。

(2) 由于感抗 $\omega_0 L$ 与容抗 $\dfrac{1}{\omega_0 C}$ 相等，所以电感上的电压 U_L 与电容上的电压 U_C 相等，相位相差 $180°$。电感上的电压（或电容上的电压）与激励电压之比称为品质因数 Q，即在 L

和 C 为定值的条件下，Q 值仅仅取决于回路电阻 R 的大小。

$$Q = \frac{U_L}{U_C} = \frac{U_C}{U_S} = \frac{\omega_0 L}{R} = \frac{\sqrt{\dfrac{L}{C}}}{R}$$

（3）在激励电压（有效值）不变的情况下，回路中的电流 $I_0 = U_S/R$ 为最大值。

3. 串联谐振电路的频率特性

（1）回路的响应电流 I 与激励电源的角频率 ω 的关系称为电流的幅频特性。

$$I(\omega) = \frac{U_S}{\sqrt{R^2 + \left(\omega L - \dfrac{1}{\omega C}\right)^2}} = \frac{U_S}{R \sqrt{1 + Q^2 \left(\dfrac{\omega}{\omega_0} - \dfrac{\omega_0}{\omega}\right)^2}}$$

当电路中 L 和 C 保持不变时，改变 R 的大小，可以得出不同 Q 值时电流的幅频特性曲线，如图 5-2 所示。显然，Q 值越高，曲线越尖锐。

为了反映这一情况，通常研究电流比 I/I_0 与角频率 ω/ω_0 之间的函数关系，即通用幅频特性。

$$\frac{I}{I_0} = \frac{1}{\sqrt{1 + Q^2 \left(\dfrac{\omega}{\omega_0} - \dfrac{\omega_0}{\omega}\right)^2}}$$

图 5-3 画出了不同 Q 值下的通用幅频特性曲线，显然，Q 值越高，在一定的频率偏移下，电流比下降得越厉害。幅频特性曲线可以由计算得出，也可以用实验方法测定。

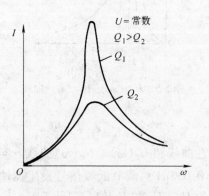

图 5-2　电流相频特性曲线

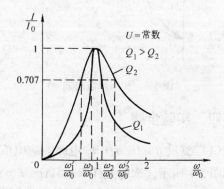

图 5-3　相对通频带

（2）为了衡量谐振电路对不同频率的选择能力，定义通用幅频特性中幅值下到峰值的 0.707 时的频率范围（见图 5-3）为相对通频带（以 B 表示）。在图 5-3 中，Q_1 幅频特性曲线的通频带为 $B = \dfrac{\omega_2}{\omega_0} - \dfrac{\omega_1}{\omega_0}$；$Q_2$ 幅频特性曲线的通频带为 $B' = \dfrac{\omega_2'}{\omega_0} - \dfrac{\omega_1'}{\omega_0}$。显然，$Q$ 值越高，相对通频带越窄，电路的选择性越好。

（3）激励电压 U_S 和回路的电流 I 之间的相位差 φ 与激励源角频率 ω 的关系，称为相频特性，即

$$\varphi(\omega) = \arctan \frac{\omega L - \dfrac{1}{\omega C}}{R}$$

由此式画出的相频特性曲线如图 5-4 所示。谐振电路的幅频特性和相频特性是衡量电路特性的重要标志。

串联谐振电路中，电感电压和电容电压同样也是 ω 的函数。

$$U_L = \omega L I = \left(\frac{\omega L U_S}{\sqrt{R^2 + \left(\omega L - \dfrac{1}{\omega L} \right)^2}} \right)$$

$$U_C = \frac{I}{\omega C} = \frac{U_S}{\omega C \sqrt{R^2 + \left(\omega L - \dfrac{1}{\omega L} \right)^2}}$$

曲线如图 5-5 所示，当 $Q > 0.707$ 时，$U_L(\omega)$ 及 $U_C(\omega)$ 才会出现峰值，并且 $U_C(\omega)$ 的峰值出现在 $\omega = \omega_C < \omega_0$ 处，$U_L(\omega)$ 的峰值出现在 $\omega = \omega_L > \omega_0$ 处。Q 值越高，出现峰值处离 ω_0 处越近。$U_L(\omega)$ 的峰值出现在 ω_L（$\omega_L > \omega_0$）处，$U_C(\omega)$ 的峰值出现在 ω_C（$\omega_C < \omega_0$）处。Q 值越高，则 ω_L、ω_C 越接近 ω_0。

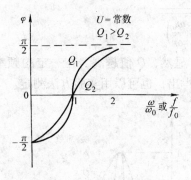

图 5-4　相频特性曲线

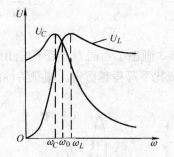

图 5-5　$U_L(\omega)$、$U_C(\omega)$ 曲线

四、实验步骤

（1）测量 R、C、L 串联电路响应电流的幅频特性曲线和 $U_L(\omega)$、$U_C(\omega)$ 曲线。实验电路如图 5-1 所示，选取元件 $R = 51\Omega$、$L = 9\text{mH}$、$C = 0.033\mu\text{F}$。调节低频信号发生器输出电压 $U_S = 4\text{V}$（有效值）不变，测量表 5-1 所列频率时的 U_R、U_L 和 U_C 值，记录于表 5-1 中。该 R、L、C 串联电路的 f_0 为 9.5kHz 左右，由实验者根据情况，在该频率附近多测几个点，找出谐振频率。

为了找出谐振频率 f_0 及 U_C 出现最大值时的频率 f_C，U_L 出现最大值时的频率 f_L，可先将频率由低到高初测一次，画出曲线草图，然后根据曲线形状选取频率，进行正式测量。

（2）保持 U 和 L、C 数值不变，改变 R 为 1000Ω，即改变回路 Q 值。重复上述实验，但只测量 U_R 值，并记录于表 5-2 中。

这时谐振频率不变，而回路的品质因数 Q 值降低了，在此条件下，再做出电路响应电流的幅频特性曲线。

由于实验中使用电源频率较高，需要用交流毫伏表来测量电压，电路中的电流则用已知电阻上电压降的方法求出。

五、实验结果与数据

表 5-1 测量电流的幅频特性曲线和 $U_L(\omega)$、$U_C(\omega)$ 曲线

f/kHz	5.0	6.0	7.0	8.0	8.5	9.0	9.5	10.0	11.0	12.0	13.0	14.0	15.0
U_C/V													
U_L/V													
U_R/V													
$U_R/R = I$													

表 5-2 $R = 1000\,\Omega$ 时电流的幅频特性曲线

f/kHz	5.0	6.0	7.0	8.0	8.5	9.0	9.5	10.0	11.0	12.0	13.0	14.0	15.0
U_R/V													
$U_R/R = I$													

六、注意事项

（1）每次变化信号电源的频率后，注意调节输出电压（有效值），使其保持为定值。

（2）实验前应根据所选元件数值，从理论上计算出谐振频率 f_0，以便和测量值加以比较。

（3）根据实验数据，在坐标纸上绘出不同 Q 值下响应电流的幅频特性曲线和 $U_L(\omega)$、$U_C(\omega)$ 曲线（只画高 Q 值的）。

七、思考题

（1）实验中，当 R、L、C 串联电路发生谐振时，是否有 $U_R = U$ 和 $U_C = U_L$？若关系式不成立，试分析其原因。

（2）可以用哪些实验方法判别电路处于谐振状态？

（3）通过实验总结 RLC 串联谐振电路的主要特点。

（4）为了比较不同 Q 值下的 I—f 曲线，可将第二条幅频曲线所有数值均乘以一个比例数，使其在谐振时的电流值相同。

（5）谐振时，回路的品质因数可用测得数值按下列几种方法计算：

$$Q = U_L/U \quad Q = U_C/U \quad Q = \omega_0 L/R \quad Q = \dfrac{\dfrac{1}{\omega_0 C}}{R}$$

问哪一种方法的计算结果较为准确？

实验六　三相电路的测量

一、实验目的

（1）研究三相负载作星形联结时，在对称和不对称情况下线电压与相电压的关系，比较三相供电方式中三线制和四线制的特点。

（2）研究三相负载作三角形联结时，在对称和不对称情况下线电流与相电流的关系。

（3）学习用二表法、三表法测量三相电路的有功功率。

（4）了解测量对称三相电路无功功率的方法。

二、实验仪器及设备

（1）三相负载灯箱　　　1 套

（2）交流电压表　　　　1 块

（3）交流电流表　　　　1 块

（4）功率表　　　　　　1 块

（5）电流插头　　　　　1 个

三、实验原理与说明

1. 三相电路的星形联结

图 6-1 为星形联结的三线制电路。当线路阻抗忽略不计时，负载的线电压等于电源的线电压。若负载对称，则负载中性点 N′和电源中性点 N 之间的电压为零。此时负载相电压对称，线电压与相电压满足 $U_\text{线} = \sqrt{3}\,U_\text{相}$ 的关系。若负载不对称，N′与 N 两中性点间的电压不再为零，负载端的各相电压就不再对称，其数值可通过计算得到，或通过实验测出。

在图 6-1 所示的电路中，若把电源中性点和负载中性点之间用中性线连接起来，就成为三相四线制电路。在负载对称时，中性线电流等于零，其工作情况与三线制相同。负载不对称时，若忽略线路阻抗，则负载端相电压仍然对称，但这时中性线电流不再为零，它可用计算方法或实验方法确定。

2. 三相电路的三角形联结

图 6-2 为三角形联结的三相负载，显然电源只能是三线制供电。忽略线路阻抗时，负载的线电压（也是它的相电压）等于电源的线电压。线电流与相电流的关系为

$$\dot{I}_\text{U} = \dot{I}_\text{UV} - \dot{I}_\text{WU}$$
$$\dot{I}_\text{V} = \dot{I}_\text{VW} - \dot{I}_\text{UV}$$
$$\dot{I}_\text{W} = \dot{I}_\text{WU} - \dot{I}_\text{VW}$$

当电源对称、负载对称时，线电流、相电流都对称，且满足 $I_\text{线} = \sqrt{3}\,I_\text{相}$ 的关系。

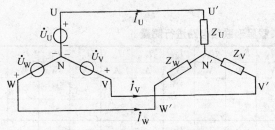

图 6-1　星形联结三相三线制电路

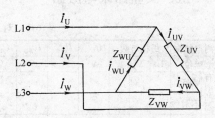

图 6-2　三相负载三角形联结

3. 三相电路功率的测量

（1）一表法　适用于星形联结和三角形联结的对称三相电路，如图 6-3 所示。功率表的读数为一相的功率，乘以 3 为总功率。

（2）二表法　适用于三相三线制对称或不对称负载的功率测量，星形联结电路无中性线或三角形联结电路均可，如图 6-4 所示。总功率为 $P = P_1 + P_2$。

（3）三表法　适用于星形联结和三角形联结的三相不对称负载，测量方法及接线与一表法相同，对三相分别测量，总功率为 $P = P_U + P_V + P_W$。

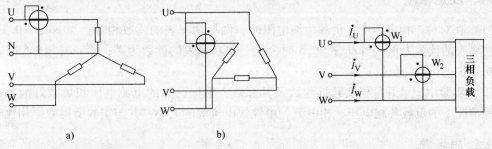

图 6-3　一表法测功率　　　　　　　　　图 6-4　二表法测功率

四、实验步骤

（1）按图 6-5 接线，对三相负载星形联结电路进行测量，将数据填入表 6-1 中。

（2）按图 6-6 接线，对三相负载三角形联结电路进行测量，将测量结果填入表 6-2 中。

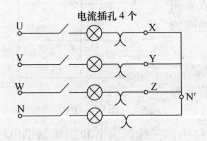

图 6-5　星形联结实际接线图

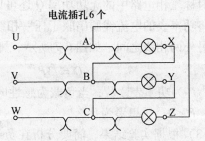

图 6-6　三角形联结实际接线图

五、实验结果与数据

表 6-1　对三相负载星形联结电路进行测量

测量数据	每相灯数			U_{UV}	U_{VW}	U_{WU}	U_{UN}	U_{VN}	U_{WN}	U_{NN}	I_U	I_V	I_W	I_N	P_U	P_V	P_W
单位	U	V	W	V	V	V	V	V	V	V	A	A	A	A	W	W	W
有中性线　对称																	
有中性线　不对称																	
无中性线　对称														—			
无中性线　不对称														—			

表 6-2　对三相负载三角形联结电路进行测量

测量数据	每相灯数			U_{UV}	U_{VW}	U_{WU}	I_U	I_V	I_W	I_{UV}	I_{VW}	I_{WU}	P_U	P_V	P_W	P_1	P_2
单位	U	V	W	V	V	V	V	V	V	A	A	A	W	W	W	W	W
负载对称																	
负载不对称																	

六、注意事项

（1）在对称三相电路中，负载为纯电阻时，两块功率表的读数相等；当 $\cos\varphi > 0.5$ 时，两块功率表的读数为正；当 $\cos\varphi = 0.5$ 时，某一块功率表的读数为零；当 $\cos\varphi < 0.5$ 时，某一块功率表的读数为负值。

（2）实验中记录好每相负载灯泡数及其瓦数，根据已知的电源电压和负载灯泡数，计算各种情况下的负载各相电压、相电流、中性线电流等的大小，并与实验所得数据相比较。

七、思考题

（1）试证明二表法中，两块功率表读数的代数和等于三相负载吸收的总功率，即

$$P = P_1 + P_2 = U_{UW}I_U\cos\varphi_1 + U_{VW}I_V\cos\varphi_2 = P_U + P_V + P_W$$

（2）在对称的三相电路中，可以用二表法测得的读数 P_1 和 P_2 求出负载的无功功率 Q 和负载的功率因数角 φ，其关系式为

$$Q = 3(P_1 - P_2)$$

$$\varphi = \arctan\left[\sqrt{3}\left(\frac{P_1 - P_2}{P_1 + P_2}\right)\right]$$

对称三相电路中的无功功率 Q 还可以用一块功率表来测量。将功率表的电流线圈串联于任一相线中，而电压线圈跨接到另外两线之间，如图 6-7 所示，则有

$$Q = \sqrt{3}P$$

式中，P 为功率表读数，当负载为感性时，$P > 0$；负载为容性时，$P < 0$。试思考为什么？

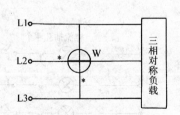

图 6-7　测无功功率

（3）根据实验结果，简要分析在负载星形联结电路中，三线制供电和四线制供电的特点。

实验七　异步电动机的继电器-接触器控制

一、实验目的

（1）了解异步电动机、交流接触器、按钮等低压电器的使用方法。

（2）掌握异步电动机点动、自锁和正反转控制电路的工作原理、接线及操作方法。

（3）学会简单的控制电路的设计。

二、实验仪器及设备

（1）三相异步电动机　　　1台

（2）控制电路实验板　　　1块

（3）万用表　　　　　　　1块

三、实验原理与说明

在工农业生产中，目前广泛采用继电器-接触器控制系统对中、小功率异步电动机进行各种起动、制动、点动、正反转控制。这种控制系统主要由交流接触器、按钮、热继电器、熔断器等电器组成。

交流接触器是一种由交流电压控制的自动电器，主要由铁心、吸引线圈和触头组等部件组成。铁心分为动铁心和静铁心，当静铁心上的吸引线圈加上额定电压时，动铁心被吸合，从而带动触头组动作。触头可分主触头和辅助触头。主触头的接触面积大，并具有灭弧装置，能通断较大的电流，可接在主电路中，控制电动机的工作。辅助触头只能通断较小的电流，常接在辅助电路（控制电路）中。触头按初始（未通电）状态分为"动合"（常开）触头和"动断"（常闭）触头，前者当吸引线圈无电时处于断开状态，后者当吸引线圈无电时处于闭合状态。当吸引线圈带电时，动合触头闭合，动断触头断开。

交流接触器在工作时，如加于吸引线圈的电压过低，动铁心会释放，使触头组复位，故具有欠电压（或失电压）保护功能。

按钮是一种手动的"主令开关"，在控制电路中用来发出"接通"或"断开"的指令。它的触头也分"动合"和"动断"两种形式，前者用于接通控制电路，后者用来断开控制电路。

热继电器是一种以感受元件受热而动作的保护电器，用来保护电动机过载。它主要由热元件和动断触点等组成。当电动机过载时，热元件发热，经过一定时间动断触点断开，从而使控制电路失电，达到切断主电路的目的。

熔断器用作短路保护，当负载短路，很大的短路电流使熔断器立即熔断，切断故障电路。

1. 电动机的点动控制

点动控制的电路如图 7-1 所示，控制电路接在中性线和相线之间。当按下常开按钮 SB$_1$

时，接触器 KM 线圈得电，KM 的三对主触头闭合，电动机主电路接通，电动机起动。当松开按钮 SB₁ 时，接触器 KM 线圈断电，KM 的三对主触头恢复断开，电动机主电路断电，电动机停止。

2. 电动机的自锁控制

电动机自锁控制电路如图 7-2 所示，控制电路接在中性线和相线之间。当按下起动按钮 SB₂ 时，接触器 KM 线圈得电，KM 的三对主触头闭合，电动机主电路接通，电动机起动，同时 KM 的辅助常开触头也闭合（起到自锁作用）。当松开按钮 SB₂ 时，接触器 KM 线圈仍保持得电，电动机继续运行。按下停止按钮 SB₁ 时，接触器 KM 线圈断电，电动机停止运行。

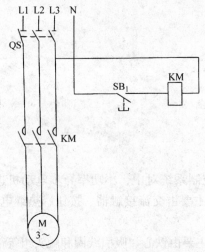

图 7-1　三相异步电动机点动控制电路

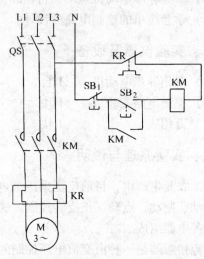

图 7-2　三相异步电动机的自锁控制电路

3. 电动机的正反转控制

电动机的正反转控制电路如图 7-3 所示，控制电路接在中性线和相线之间。当按下常开按钮 SB₂ 时，接触器 KM₁ 线圈得电，KM₁ 的三对主触头闭合，电动机主电路接通，电动机正转起动，同时 KM₁ 的辅助常开触头也闭合（起到自锁作用），KM₁ 的辅助常闭触头断开（起到互锁作用）。按下停止按钮 SB₁ 时，接触器 KM₁ 线圈断电，电动机停止运行。当按下常开按钮 SB₃ 时，接触器 KM₂ 线圈得电，KM₂ 的三对主触头闭合，电动机主电路接通，电动机反转起动，同时 KM₂ 的辅助常开触头也闭合（起到自锁作用），KM₂ 的辅助常闭触头断开（起到互锁作用）。按下停止按钮 SB₁

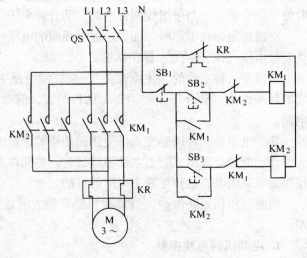

图 7-3　三相异步电动机正反转控制电路

时，接触器 KM$_2$ 线圈断电，电动机停止运行。

四、实验步骤

（1）仔细查看实验电路板，熟悉实际的接触器、按钮以及相应的常开、常闭触头。了解常用低压电器（熔断器、按钮、交流接触器、热继电器等）的结构和动作原理，掌握常用继电器-接触器控制电路的工作原理。

（2）按图 7-1 所示控制电路的原理图接线，经检查无误后通电实验，实现异步电动机的点动控制。

（3）按图 7-2 所示控制电路的原理图接线，经检查无误后通电实验，实现异步电动机的自锁控制。

（4）按图 7-3 所示控制电路的原理图接线，经检查无误后通电实验，实现异步电动机的正、反转控制。要求用三个按钮控制正转、反转、停机三个动作，正转停止后才能反转起动，或反转停止后才能正转起动，正反转要有互锁以防误操作。

五、注意事项

（1）三相异步电动机的正转和反转控制电路必须要有互锁，以防误操作造成短路事故和设备损坏。

（2）每次接线、拆线或长时间讨论问题时，必须断开三相电源，以免发生触电事故。

六、思考题

（1）你在实验过程中遇到过什么问题？如何解决的？

（2）说明如何用万用表判断交流接触器和按钮的好坏。

（3）设计一个三相异步电动机既有点动又有自锁控制（点动时自锁失去控制）的电路。

实验八　常用电子元器件的识别与检测

一、实验目的

（1）认识常用元器件，观察外形，学习用标记判断晶体管的电极位置，用色标来判断电阻值。

（2）学会用万用表测量电阻、电容、二极管、晶体管等元器件，判断好坏、性能及电极。

二、实验仪器及设备

（1）万用表　　1块

（2）元器件

电阻：10Ω、510Ω、1.2kΩ、1MΩ；电容：0.22μF、4.7μF、10μF；二极管：1N4007、1N4148；发光二极管：普通、高亮各1个；晶体管：3DG6、9012、9013。

三、实验原理与说明

1. 电阻器

在电路中，电阻器是最常见的电路元件。对于电阻器的检测，主要是使用万用表的欧姆挡，把两只表笔分别接在电阻器的两根引线上，测得的阻值 R' 即为这一电阻的实际值。

测量时应注意：选择适当的量程且欧姆挡要调零；测量方法要合理，不要用手同时接触电阻器的两根引线；测量几十千欧的大电阻时，手不要接触电阻器的任何部位，要放在桌子上进行测量；如果电阻器引线表面上有绝缘物（如氧化物、油漆等），应把这些附着物刮掉再进行测量。

2. 电位器

电位器一般分为非绕线和绕线两类。其检测方法如下。

（1）在图8-1中，检测A、C两端的阻值是否与标称值相等。

（2）测量A、B和A、C间的阻值，两者之和是否等于标称值。

图　8-1

（3）转动电位器的转轴，再重复（2）的测量。

3. 电容器

电容量可用数字万用表、电阻电容测量仪、交流阻抗电桥或万用电桥测量。

当用数字万用表检测时，用万用表的电阻挡，选择适当的量程，表笔分别接在电容器的两根引线上，表上示数不断增加（或减小），对调两只表笔后，表上示数不断减小（或增加），表明电容器是好的。

4. 晶体二极管

检测方法如下：

（1）用万用表电阻挡，红表笔接二极管的正极，黑表笔接二极管的负极，电阻很小，对调两表笔，反向电阻大。

（2）用数字万用表的二极管挡，测量其正向压降，硅管正向导通压降约为 0.7V，锗管正向导通压降约为 0.2V。

5. 发光二极管（LED）

发光二极管的伏安特性与普通二极管类似，但它的正向压降和正向电阻要大一些，同时在正向电流达到一定值时能发出某种颜色的光。发光二极管的检测方法见附录 D。

注意：检测 LED 发光的时间应尽量缩短，以免降低 9V 叠层电池的使用寿命。

6. 晶体三极管（半导体三极管）

由于数字万用表电阻挡的测试电流很小，不适于检测晶体管，建议使用数字万用表的二极管挡以及 h_{FE} 挡进行判定。

四、实验步骤

用万用表检测电阻、电容、二极管、晶体管等元器件参考附录 D。

（1）电阻的识别　要求：先根据色环标志读出电阻值，再用万用表测量，将数值分别填入表 8-1 中。

（2）电容器的识别　要求：先根据电容器的外观判别出正负极，根据标志方法读出电容值，填入表 8-2 中；用数字万用表判定好坏，测量出电容值。

（3）判断二极管的正负极及好坏

1）用数字万用表的 ⯈⊢ 挡测量，将数值分别填入表 8-3 中，根据测量数据判定二极管的正负极及好坏。

2）用数字万用表的 h_{FE} 插口判定二极管的正负极。

3）利用数字万用表的二极管挡检测发光二极管的好坏并判定正负极；用 h_{FE} 挡检测单色发光二极管的好坏并判定正负极。

（4）晶体管的识别

用数字万用表的二极管挡以及 h_{FE} 挡进行判定，将判定结果填入表 8-4 中。

五、实验结果与数据

表 8-1　电阻器的识别与检测

电阻值	R_1	R_2	R_3	R_4
色环标志阻值				
万用表测量值				

表 8-2　电容器的识别与检测

元器件	判定结果（好、坏）	标志电容值	数字万用表电容挡实测电容值
C_1			
C_2			

表 8-3　用数字万用表检测二极管

元器件	表笔分别接触二极管的两个电极电阻值/Ω	交换表笔再重测一次电阻值/Ω	判定好坏及正负极
二极管 1			
二极管 2			

表 8-4　用数字万用表 h_{FE} 挡检测晶体管

元　件	判　定　结　果			
	好、坏	NPN 或 PNP 管	确定管脚的极性(管脚 1、2、3 分别为哪个极)	电流放大系数 (β)
晶体管 1				
晶体管 2				

六、注意事项

万用表使用完应关断电源。

七、思考题

（1）如何确认色环电阻器哪一端是第一环？

（2）电解电容器容量一样，耐压相同，体积不同，是否可以通用？

实验九　多谐振荡电路的制作

一、实验目的

（1）学会用万用表测电阻、电解电容、二极管、晶体管等元器件。
（2）熟悉直流稳压电源的使用。
（3）用给定的元器件按电路图组装实用电路。

二、实验仪器及设备

（1）直流稳压电源　　　　　　1台
（2）万用表　　　　　　　　　1块
（3）面包板　　　　　　　　　1块
（4）多谐振荡器组件及工具　　1套

三、实验原理与说明

（1）要求电路在面包板上分布合理、美观，在元器件不交叉的条件下尽量少用连接导线。使电路一目了然，便于检查及测量。

（2）元器件要根据电路图上的要求从给定的元器件中正确选择。

（3）弄清如何按电路图正确合理地连接成实验电路。实验电路如图9-1所示。

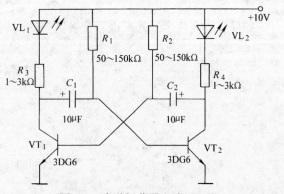

图9-1　多谐振荡器电路原理图

四、实验步骤

（1）认识各种元器件，观察外形，学习如何用标记判断晶体管的电极位置，如何用色标来判断电阻的量值。

（2）万用表测量各元器件，判断好坏、性能及电极位置。

（3）在面包板上组装电路。面包板如图9-2所示，中间有一道槽，把面包板分为上下两部分。A、B、C、D、E为5个连通的插孔，这样的插孔共有65列，各列相互绝缘。在边上有一横排插孔，共11组，每组有5个插孔，其中从左至右1~4组是连通的，5~7组是连通的，8~11组也是连通的，下半部分与上半部分完全相同，但互相独立。（注：不同的面包板可能不同，使用时可通过测量确定连通情况）

元器件可插入板上孔内，按照电路图合理分布。各连接点上接在一起的元器件可插入同一列的孔中。不同列中应接于同一点的元器件用导线连通。

按原理图在面包板上合理布线，正确连接线路后，将直流稳压电源调到10V连至线路电源处，观察实验现象。

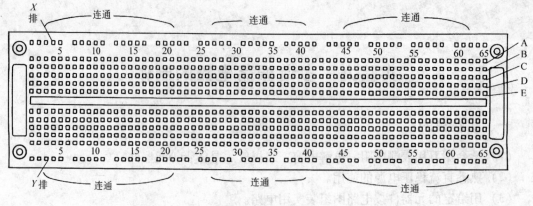

图 9-2　面包板图

五、实验结果与数据

若元器件选择判断无误，电路接线正确，当接通直流电源后，两个发光二极管将一明一暗交替闪烁。

六、注意事项

检测元器件和连接电路时，不要随意折弯元器件的管脚，以免损坏。

七、思考题

如果要改变两个发光二极管交替闪烁的周期，需要改变电路中的哪些参数？

实验十　常用电子仪器的使用

一、实验目的

掌握电工与电子实验中常用电子仪器（交流毫伏表、低频信号发生器、双踪示波器、虚拟示波器）的使用方法。

二、实验仪器及设备

(1) 交流毫伏表　　　　　　　1 块
(2) 低频信号发生器　　　　　1 台
(3) 双踪示波器　　　　　　　1 台

三、实验原理与说明

1. 交流毫伏表的使用

交流毫伏表用于测量频率为 5Hz～2MHz、电压为 100μV～300V 的正弦波有效值电压。具有测量准确度高，输入阻抗高的优点，且换量程不用调零，使用方便，是电气测量中常用的电工仪表。

交流毫伏表即能测量毫伏级电压的交流电压表，使用方法和普通交流电压表基本相同。当电压选为"mV"量程时，读数单位为 mV；当电压选为"V"量程时，读数单位为 V。使用注意事项：测量探头的黑夹子应与所测电位的参考点相接。

2. 低频信号发生器的使用

低频信号发生器是实验室和电子测试技术中常用的电子仪器，其主要功能是：提供正弦波及正、负脉冲信号，用来对低频电子设备进行调试和测量。虽然不同型号的低频信号发生器，其内部结构和功能有一定的差异，但工作原理和使用方法基本相同。低频信号发生器的使用方法及操作步骤如下：

将低频信号发生器的电源开关打到"ON"，相应的指示灯亮，信号发生器可开始工作。

（1）输出波形选择　低频信号发生器可提供正弦波、正脉冲、负脉冲等信号，可根据需要，把波形选择开关拨到相应位置。

（2）输出信号频率的调节

1）根据需要的信号频率，首先进行频率范围选择（或频段选择），按下相应的频段按键。

2）调整"频率粗调"、"频率细选钮"（"扫描"、"直流偏置"选钮逆时针旋到底），屏幕上显示出需要的频率即可。

（3）输出信号幅度调节　通过调节"幅值调节"旋钮得到所需的输出电压，输出电压的大小由毫伏表监测。

如果需要毫伏级的小信号电压，可选择衰减。衰减倍数 A 与衰减分贝数（dB）之间关系可用下式表示：

$$X(\text{dB}) = 20\lg A$$

该旋钮有 20dB（衰减 10 倍）、40dB（衰减 100 倍）等几个挡位。

3. 双踪示波器的使用

双踪示波器是实验室和电子测试技术中常用的电子仪器，其主要功能是：可同时观测两个信号的波形，可测量信号的幅度、频率、周期、相位等。DC4322B 双踪示波器的控制面板如图 10-1 所示。

（1）DC4322B 示波器面板控制旋钮功能简介

1）电源开关（POWER）。

2）聚焦控制（FOCUS）：用于调节聚焦直至扫描线最细。虽然在调节亮度时聚焦能自动调整，但有时要用手动调节，以便获得最佳聚焦效果。

3）基线旋转（TRACE ROTATION）：用于调节扫描线使其和水平刻度线平行，以克服外磁场变化带来的基线倾斜。用旋具调节。

4）辉度控制（1NTENSITY）：改变光迹亮度，顺时针旋转，辉度增加。

5）通道 1 输入端（CH1 INPUT）：被测信号由此输入 CH1 通道。当示波器工作在 X－Y 方式时，输入到此端的信号作为 X 轴信号。

6）通道 2 输入端（CH2 INPUT）：被测信号由此输入 CH2 通道。当示波器工作在 X－Y 方式时，输入到此端的信号作为 Y 轴信号。

7）输入耦合开关（AC－GND－DC）：用以选择被测信号馈至 Y 轴放大器输入端的耦合方式。

·AC：在此耦合方式时，耦合交流分量，隔离输入信号的直流分量，使屏幕上显示的信号波形位置不受直流电平的影响。

GND：在此位置时垂直放大器输入端接地。

DC：在此耦合方式时，输入信号直接加到垂直放大器输入端，其中包括直流成分。

8）伏/格选择开关（VOLTS/DIV）：用于选择垂直偏转因数，可以方便地观察到各种幅度范围的波形。当使用 10∶1 输入探极时，要将屏幕显示幅度值×10，才是被测信号的幅值。

9）微调/扩展控制开关（VAR PULL×5 GAIN）：当旋转微调钮时，可小范围地连续改变垂直偏转灵敏度。

此旋钮用于比较波形或同时观察两个通道方波上升时间。通常将这个旋钮顺时针旋到底（校准位置）。

当此旋钮被拉出时，垂直系统的增益扩展 5 倍，最高灵敏度达 1mV/div。

10）位移/直流偏量（POSITION）：用于调节屏幕上 CH1 信号垂直方向的位移。顺时针旋转扫描线上移，逆时针旋转扫描线下移。

11）位移/倒相（POSITION）（PULL INVERT）：用于调节屏幕上 CH2 信号垂直方向的位移。拉出旋钮，输入到 CH2 的信号极性被倒相。当仪器处于（CH1）＋（CH2）的方式时，利用该功能即可得到（CH1）－（CH2）的信号差。

12）工作方式开关（MODE）：用于选择垂直偏转系统的工作方式。

CH1：只有加到 CH1 通道的信号能显示。

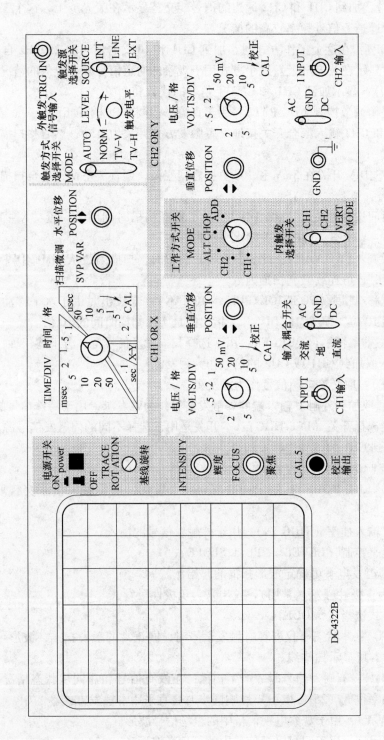

图 10-1 DC4322B 双踪示波器面板示意图

CH2：只有加到 CH2 通道的信号能显示。

交替（ALT）：加到 CH1 和 CH2 通道的信号能交替显示在荧光屏上，这个工作方式通常用于观察加在两通道上信号频率较高的情况。

断续（CHOP）：在这个工作方式时，加到 CH1 和 CH2 的信号受 250kHz 自激振荡电子开关的控制同时显示在荧光屏上。这个方式用于观察两通道信号频率较低的情况。

相加（ADD）：显示加到 CH1 和 CH2 上信号的代数和。

13）直流平衡调节控制（DC BAL）：用于直流平衡调节，方法如下：

① 置 CH1 和 CH2 输入耦合开关接地，置触发方式开关为自动，然后移扫描线到刻度中心（垂直方向）。

② 将 VOLTS/DIV 开关在 5mV 和 10mV 挡之间变换，调直流平衡，直至扫描线无任何位移即可。

14）扫描时间选择开关（TIME/DIV）：用于选择扫描时间因数。置"X－Y"位置时，示波器工作在 X－Y 状态（此时应关闭水平扩展开关）。

15）扫描微调（SWP VAR）：此旋钮在校正位置时，扫描因数从 TIME/DIV 读出。当开关不在校正位置时，可连续微调扫描因数。

16）水平位移/扩展（POSITION/PULL×10MAG）：未拉出时用于水平移动扫描线；拉出后将扫描扩展 10 位，即 TIME/DIV 开关指出的是实际扫描时间的 10 倍。

17）触发源选择开关（SOURCE）：用于选择扫描触发信号源，分下述三种：

内（INT）：取加到 CH1 或 CH2 的信号作为触发源。

电源（LINE）：取交流电源信号作为触发源。

外（EXT）：取加到外触发输入端的外触发信号作为触发源，用于特殊信号的触发。

18）内触发选择开关（INT TRIG）：本开关是用于选择不同的内触发信号源。

CH1：取加到 CH1 的信号作触发信号。

CH2：取加到 CH2 的信号作触发信号。

组合方式（VERT MODE）：用于同时观察两个波形，同步触发信号交替取自 CH1 和 CH2。

19）外触发输入插座（TRIG IN）：用于外触发信号的输入。

20）触发电平控制（LEVEL）（PULL SLOPE）：

① 通过调节触发电平可确定波形扫描的起始点。

② 按进去为正极性触发（常用），拉出来为负极性触发。

21）触发方式选择（MODE）：

自动（AUTO）：本状态下仪器在有触发信号时，同正常的触发扫描，波形可稳定显示。在无信号输入时，可显示扫描线。

常态（NORM）：有触发信号时才产生扫描；在没有信号和非同步状态情况下，没有扫描线。当信号频率很低（25Hz 以下）影响同步时，宜采用本触发方式。

电视场（TV-V）：用于观察电视信号中的全场信号波形。

电视行（TV-H）：用于观察电视信号中的行信号波形。

注：TV-V 和 TV-H 触发仅适用于负同步信号的电视信号。

22）校正方波输出（CAL 0.5V）：0.5V、1kHz 方波信号的输出端。

23）CH1 输出插口（CH1 0UTPUT）：（后面板）输出 CH1 通道信号的取样信号。

24）外增辉输入（EXT BLANKING）：（后面板）辉度调节信号输入端，与机内直流耦合。加入正信号时辉度降低，加入负信号时辉度增加。

（2）示波器使用练习

1）预备工作：将示波器的电源插头插入 220V 交流电源插座内。电源开关（POWER）打到 "ON"，这时电源指示灯亮。如荧光屏上无亮线或亮点可按下述步骤操作使之出现亮线。

①把辉度旋钮（INTENSITY）顺时针旋到底。

②把扫描时间选择开关（TIME/DIV）掷向 ms 级位置。

③把触发方式选择开关（SWEEP MODE）掷向自动，把触发源选择开关（SOURCE）掷向内触发（INT）。

④把工作方式开关（MODE）掷向 CH1 或 CH2。

⑤输入耦合开关（AC-GND-DC）掷向 GND。

⑥调节水平位移旋钮（POSITION）到中间位置。调节垂直位移旋钮（POSITION）到中间位置，或两旋钮同时调节。这时屏上即可出现亮线或光点。

⑦若是光点调节水平扩展旋钮，顺时针旋转则可把光点变成亮线。

⑧调节辉度旋钮（INTENSITY），逆时针旋转降低辉度，调节聚焦旋钮（FOCUS），把光线变成最细，至此示波器扫描系统已可以工作了。

2）输入信号观测其波形，操作步骤如下：

①根据测量要求把探头旋入输入插孔（INPUT），如仅观测一个信号，用一踪即可；如同时观测两个信号，就要把两个探头各自旋入输入插孔。

②根据输入信号把输入耦合开关（AC-GND-DC）掷向 AC 或 DC。

③根据被测信号的周期选择扫描时间旋钮位置，如信号周期为 T 则扫描时间旋钮可掷向（8~5）T 挡位的位置，这样在示波器的屏上可以看到 2~3 个完整的波形。

④根据被测信号的峰-峰值，适当选择垂直电压量程选择旋钮的位置（V/DIV）。使荧光屏上显示大小合适的信号波形。

⑤根据信号显示要求，把工作方式开关（MODE）选择在相应位置。

完成上述步骤即可送入垂直信号。如波形在移动，可调节同步调整旋钮使其稳定下来。

3）测量信号电压的峰-峰值：把电压选择开关（VOLTS/DIV）微调旋钮逆时针旋到底至校正位置，数出显示波形的纵坐标最大值和最小值之间的格数，乘以电压选择开关每格的电压数，即是被测电压的峰-峰值。根据峰-峰值可计算出电压的有效值。

4）测交流信号周期：把扫描微调（SWP VAR）掷向校准位置（CAL），在横坐标上数出一个周期所占格数，该格数乘以扫描旋钮所指示的时间数即为信号周期。

测两个同频率正弦信号的相位差：

在 CH1 和 CH2 分别送入被测信号，并同时显示，在屏幕上数出信号一个周期所占格数 N 和两个信号起始位置相差的格数 X，则两信号的相位差

$$\varphi = \frac{X}{N} \times 2\pi$$

4. 虚拟示波器（RV03100/RV03050）的使用

RV03100/3050 型数字式示波器是一种小巧、轻型、便携式的双通道示波器。相对于以

往的数字存储示波器，其功能更加强大，价格更加低廉，应用范围更加广泛，适用于一般工业应用，如电子设备的研发、汽车制造、维修及样品测试等领域。虚拟示波器操作步骤及说明如下：

（1）主机与计算机的连接　RV03100/3050 型主机如图 10-2 所示，将主机与计算机接口用电缆与计算机的打印机接口相连，并安装相应的软件。

图 10-2　RV03100/3050 型主机

（2）将被测信号送入主机　用示波器探头将被测信号输入主机的通道 1（或通道 2）。探头的铁钩与被测点相连，黑夹子与参考点（地）相连。

（3）进入主界面　双击 RV-3050 图标进入主界面，如图 10-3 所示。

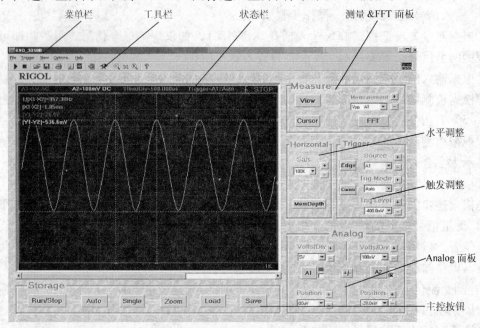

图 10-3　主界面

菜单栏：

1）File 项

Open：　　　打开波形信息文件。

Save：　　　存储当前波形信息到文件。

Page Setup：打印页面设置。

Print：　　打印波形图像和参数。

Exit：　　　退出系统。

2）Trigger 项

Run：　　　开始采样。

Stop：　　　停止采样。

3）View 项

Tools Bar：启动/关闭工具栏。

Status Bar：启动/关闭状态栏。

FFT：　　　启动/关闭频谱分析窗口。

X – Y Plot：启动/关闭李沙育图形窗口。

Data Record Control：启动数据采集模式控制工具条。

4）Options 项

Preference：测试平台主要参数设置。

工具栏：如图 10-4 所示。

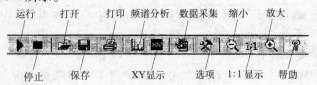

图 10-4　工具栏

状态栏：状态栏显示通道 A1、A2 的信号耦合（包括 DC、AC、GND 三种状态）；Volts/ Div（伏/格）；Time/Div（时间/格）；触发源（A1、A2、Ext）；触发模式（Auto、Normal、 Single）；上升沿/下降沿触发；Run/Stop 的状态信息。

主控按钮：如图 10-5 所示。

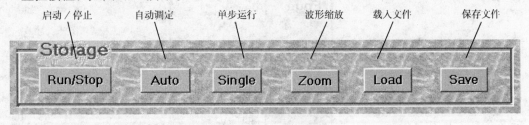

图 10-5　主控按钮

水平调整：

1）当 General Option –> Running Mode 选择为 Data Acquisition 时，水平调整面板显示如 图 10-6 所示。

水平调整面板用于调整采样频率和采样存储深度。设置合适的采样频率，结合 ZOOM 功能，可方便地观察信号波形的概况和细节。水平分辨率随着采样频率的变化而变化。

采样频率设定：通过下拉复选框选择采样频率。采样频率的挡位分为 100MHz、50MHz、 20MHz、10MHz、5MHz、2MHz、1MHz、500kHz、200kHz、100kHz、50kHz、20kHz、 10kHz、5kHz、2kHz 和 1kHz 共 16 挡。

上述采样频率的调整亦可通过鼠标单击"＋"、"－"按钮来完成。

2）当 General Option –> Running Mode 选择为 Oscilloscope 时，水平调整面板显示如图10-7 所示。

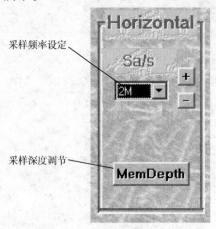

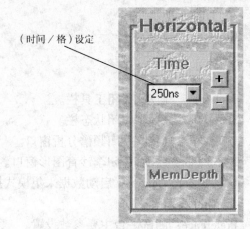

图 10-6　水平调整面板　　　　　　　　　图 10-7　水平调整面板

Time/Div 设定：通过下拉复选框选择时基，有 50ns（only RVO3100）、100ns、250ns、500ns、1μs、2.5μs、5μs、10μs、25μs、50μs、100μs、250μs、500μs、1ms、2.5ms、5ms、10ms、25ms 和 50ms 共 19 挡。

上述 Time/Div 设定，亦可通过鼠标单击"＋"、"－"按钮来完成。

触发调整：触发调整面板如图 10-8 所示。触发调整面板用于设置触发源、触发模式以及触发电平等和触发相关的参数。

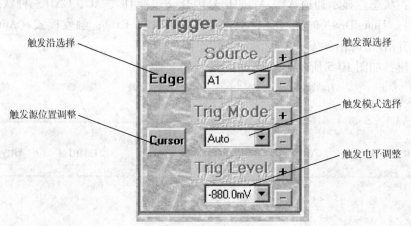

图 10-8　触发调整面板

1）触发源选择：通过下拉复选框或"＋"、"－"按钮可以选择触发源。触发源分为 A1（通道 A1）、A2（通道 A2）、Ext（外部触发）。

2）触发模式选择：通过下拉复选框或"＋"、"－"按钮可以选择触发模式。触发模式分为 Auto、Normal、Single 三种类型。Auto 表示如等不到触发条件，则强制采样；Normal 表示必须等到触发条件方可触发；Single 表示单步触发。

注：使用中应注意选取的触发源必须实际有效，否则可能无法正常触发。

3）触发电平调整：通过下拉复选框或"＋"、"－"按钮可以调整触发电平，亦可用鼠标直接拖动显示窗口内的触发电平标志线（该线在单击 Cursor 按钮之后出现），快速改变触发电平。注意触发电平的设置应保证在波形幅度范围之内。

4）触发沿（Edge）选择：包括上升沿（Rise）和下降沿（Fall）。通过鼠标单击 Edge 按钮选择上升沿或下降沿触发。

5）触发位置（Cursor）调整：鼠标单击 Cursor 按钮后，波形显示区会出现蓝色的（颜色可自定义）触发标志线，拖动触发标志线（TrigCursor）来设置触发位置。横向拖动标志线可改变触发位置，纵向拖动标志线可改变触发电平，此时，图 10-8 中标示的触发电平值会相应变化。

Analog 面板：Analog 面板如图 10-9 所示。

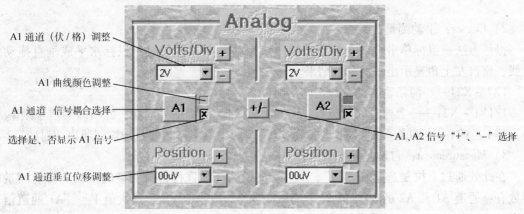

图 10-9　Analog 面板

Analog 面板调整通道 A1、A2 输入信号的 Volts/Div（伏/格）；Position（垂直位置）；通道 A1、A2 的信号耦合；显示通道的选择；通道 A1、A2 的加减运算。

1）A1 通道电压幅度设定（Volts/Div）：用下拉复选框或"＋"、"－"按钮选择 Volts/Div 的挡位。

2）A1 通道信号耦合选择：信号耦合分为 AC、DC、GND 三种。通过鼠标单击 A1 按钮可改变信号耦合。信号耦合的状态信息显示在波形显示窗口上部的状态栏内。

3）A1 通道显示选择：用鼠标单击选择框，当框中为"×"时，显示此通道波形；当框中为空白时，此通道关闭。

4）A1＋A2、A1－A2 选择：通过鼠标单击标示"＋/－"处按钮，可以分别进行通道 A1 加、减通道 A2 的运算。其状态信息显示在波形显示窗口上部的状态栏内。

5）A1 通道垂直偏移调节：通过复选框或"＋"、"－"按钮可上下调节垂直偏移。

6）单击 A1 按钮旁边的色块可以方便地改变显示波形的颜色设置。

A2 通道信号的操作同 A1 通道。

测量面板：测量面板如图 10-10 所示。测量面板可完成自动测量、手动测量、观测频谱信息的功能。

1）View：观测自动测量结果。

操作方法：首先选择期望自动测量的参数，然后鼠标单击 View 按钮，则被测信息自动显示在波形窗口的左下方。注意字符的颜色与被测通道相对应。

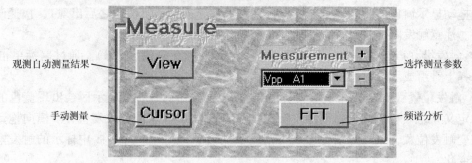

观测自动测量结果

选择测量参数

手动测量

频谱分析

图 10-10　测量面板

2）Cursor：手动测量。

操作方法：鼠标单击 Cursor 按钮，波形窗口显示四条测量线。鼠标水平或垂直拖动测量线，窗口左上角显示出手动测量结果。

|X1 – X2|——两条垂直测量线之间的时间。

1/|X1 – X2|——上述时间的倒数，若|X1 – X2|为一个信号周期，此项即为信号频率。

|Y1 – Y2|——两条垂直测量线之间的电位差。注意字符的颜色与被测通道相对应。

3）Measurement：自动测量参数选择。

在此处通过下拉复选框或"＋"、"－"按钮选择欲进行自动测量的参数。自动测量的参数有：通道 A1 和 A2 的峰-峰值 V_{pp}、有效值 V_{rms}、最小值 V_{min}、最大值 V_{max}、A1 通道信号频率 Frequency A1、A2 通道信号频率 Frequency A2、A1 通道信号周期 Period A1、A2 通道信号周期 Period A2。选中后单击 View 按钮即可得到该项目的自动测量结果。选择 Clear All 后单击 View 清除所有已选测量状态。

（4）信号波形的显示与调整

1）连接示波器探头于通道 A1（或 A2）与被测点之间。

2）设定触发源（Trigger Source）为 A1 或 A2（必须与实际被测号输入的通道一致）。

3）根据被测信号进行信号耦合方式选择（AC、DC、GND）。

4）单击 Auto 按钮，仪器可自动调定至最佳状态显示。

5）若显示波形超出满屏或幅度太小，可调整通道电压幅度设定 Volts/Div（伏/格），使其波形幅度适中。

6）若显示波形周期太小（波形很窄，拉不开），可调整 Time/Div（时间/格），使波形适中。

7）若显示波形整体偏上或偏下，可调垂直位移。

调整好的波形效果如图 10-11 所示。

（5）信号的测量

1）探头的使用。示波器探头有 1∶1 或 10∶1 两种衰减系数值，它们会影响示波器的垂直显示幅度。

如要改变（检查）探头衰减设定值，首先调节探头衰减选择器至 1∶1 或 10∶1，然后在测控软件的 Options 选项的 Analog 分页的 Probe 区域，用鼠标单击 1：1 或 10：1，如图 10-12 所示，即可得到正确的设定值。该设定在再次改变前一直有效。

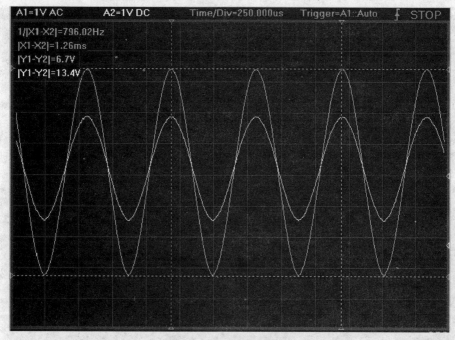

图 10-11　信号波形的调整

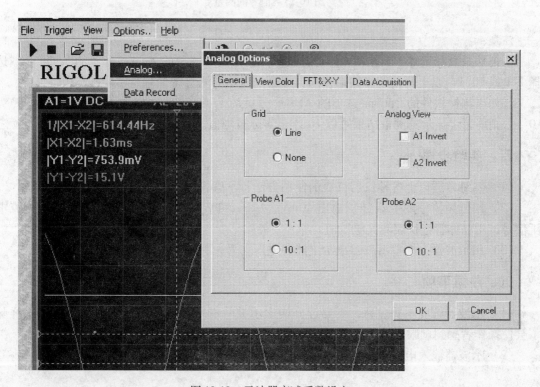

图 10-12　示波器衰减系数设定

2）利用测量面板可对信号的峰-峰值 V_{pp}、周期 T、有效值等进行测量。

如图 10-13 所示，信号的周期为 $|X1 - X2| = 2.26ms$；峰-峰值为 $|Y1 - Y2| = 6.7V$。

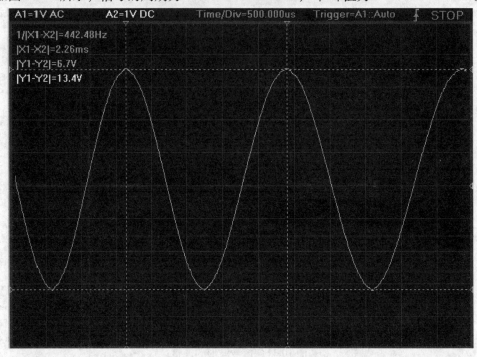

图 10-13　信号的测量

注意：

①把探头衰减选择 1∶1 或 10∶1，测控软件的 Options 选项的 Analog 分页的 Probe 区域选择 1∶1 或 10∶1，以上两种选择如果相同，屏幕上显示的测量结果就是实际被测值。

②如果测控软件的 Options 选项的 Analog 分页的 Probe 区域选择 1∶1，探头衰减选择为 10∶1，则屏幕上显示的测量结果乘以 10 才是实际被测值。

四、实验步骤

（1）熟练掌握以上各种仪器仪表的使用方法，了解各旋钮的作用及调节方法。

（2）用低频信号发生器分别输出 10mV、1kHz，1V、10kHz，2V、100kHz 正弦交流电压信号，用晶体管毫伏表测其电压值。

（3）用示波器、虚拟示波器显示上述各电压信号，并用示波器测量其有效值和频率。

五、注意事项

（1）示波器辉度不要过高，不要过分增大示波管有效扫迹面积或光点的亮度，这样除了会使操作者感到刺眼外，时间过长还会引起示波管荧光涂层灼伤。

（2）示波器输入电压不能过高，注意输入端的额定最高允许电压。

实验十一　单管电压放大器的安装与调试

一、实验目的

（1）锻炼和提高动手能力。

（2）加深对单管电压放大器的认识和理解。

（3）学习用仪器仪表查找简单电路故障并排除。

（4）学会单管电压放大电路的调试方法。

二、实验仪器及设备

（1）直流稳压电源　　　　1台

（2）万用表　　　　　　　1块

（3）电烙铁　　　　　　　1把

（4）电路板　　　　　　　1块

（5）电路元器件　　　　　1套

三、实验原理与说明

单管电压放大器是将小信号不失真放大的电子线路，应用十分广泛，是自动控制、家用电器、集成电路、电子设备的基本组成部分。其电路原理如图 11-1 所示。

在图 11-1 中，晶体管是放大电路中的电流放大器件，利用它的电流放大作用，在集电极获得放大了的电流，该电流受输入信号的控制。也就是能量较小的输入信号通过晶体管的控制作用，去控制电源所供出的能量，以便在输出端获得一个能量较大的信号。

集电极负载电阻 R_C 简称集电极电阻，它主要是将集电极电流的变化转化为电压的变化，以实现电压的放大。

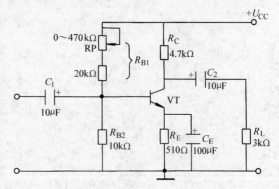

图 11-1　单管电压放大器

发射极电阻 R_E 的作用，一方面发射极电流的直流分量 I_E 通过它，起自动稳定静态工作点的作用；另一方面发射极电流的交流分量 i_e 通过它，也会产生交流压降，使 u_{be} 减小，这样就会降低放大电路的电压放大倍数。为此，在 R_E 两端并联电容 C_E，只要 C_E 的容量足够大，对交流信号的容抗就很小，对交流分量可视为短路，而对直流分量并无影响，故称 C_E 为发射极交流旁路电容，其容量一般在几十微法至几百微法。

R_{B1}、R_{B2} 构成分压式偏置电路。

C_1、C_2 为耦合电容，它们一方面起隔直作用，C_1 用来隔断放大电路与信号源之间的直流通路，而 C_2 则用来隔断放大电路与负载之间的直流通路，使三者之间无直流联系，互不影响。另一方面又起到交流耦合作用，保证交流信号畅通无阻地通过放大电路，沟通信号源、放大电路和负载三者之间的交流通路。

四、实验步骤

（1）检测各元器件的好坏及是否能满足要求。

（2）在给定的电路板上，按原理图进行焊接。

（3）焊接完毕，检查确认线路正确，然后调节直流稳压电源的输出为 10V，将其接入焊好的电路板上，再调节电位器 RP，使静态工作点 $U_{CE} = 5V$。

五、注意事项

（1）实验板正面焊元器件，背面焊线。在焊接前，必须将被焊元器件的焊接处处理干净，以便焊牢，焊点应扁平、光亮。焊点过大或不光滑，都容易造成虚焊，从而使电路不能正常工作。

（2）焊晶体管等器件时，要准确、迅速，焊接时间长，容易造成晶体管等器件击穿损坏。

（3）电烙铁使用时，表面容易氧化变黑，影响导热，可用锉将其锉光亮，然后尽快镀上焊锡，继续使用。

六、思考题

（1）若电路的放大倍数太小，可能是什么原因?

（2）若静态工作点不可调，可能是电路什么地方有问题?

实验十二　单管交流放大电路的综合测试

一、实验目的

（1）学习单管交流放大电路静态工作点的调整及测试方法。

（2）学习单管交流放大电路电压放大倍数的测试方法。

（3）观测电路参数对静态工作点、电压放大倍数及输出波形的影响。

（4）了解放大电路的上限和下限频率、输入电阻和输出电阻的测试方法。

（5）进一步熟悉示波器、低频信号发生器、交流毫伏表的使用方法。

二、实验仪器及设备

（1）直流稳压电源　　　　　　　　　1 台

（2）双踪示波器　　　　　　　　　　1 台

（3）低频信号发生器　　　　　　　　1 台

（4）交流毫伏表　　　　　　　　　　1 块

（5）万用表（或直流电压、电流表）　1 块

（6）单管放大器实验板　　　　　　　1 块

三、实验原理与说明

1. 静态工作点的调整

图 12-1 为单管交流放大电路，采用分压式偏置电路。静态工作点 Q 包括 I_B、I_C、U_{CE} 三个参数，改变电位器 RP 的阻值就可以调节 I_B 的大小，即调整放大电路的静态工作点 Q。为了使输出电压得到比较大的动态范围，要把静态工作点 Q 调整到直流负载线中间，即 $U_{CE} = 1/2U_{CC}$。

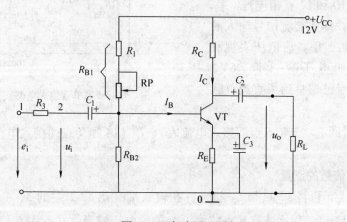

图 12-1　实验原理图

2. 交流电压放大倍数的测量

放大电路的交流电压放大倍数即输出电压与输入电压有效值之比，电压放大倍数要在静态工作点合适、输出波形不失真条件下测得。

3. 电路参数对放大器性能的影响

（1）静态工作点对输出电压波形的影响　静态工作点设置太低，输出波形产生截止失真；静态工作点设置太高，输出波形产生饱和失真。

（2）输入信号对输出电压波形的影响　静态工作点设置合适，但输入信号如果太大，输出波形也要产生截止、饱和失真（大信号失真）。

（3）负载电阻 R_L 对放大倍数的影响　当放大器空载（R_L 为"∞"）时，电压放大倍数为

$$A_u = -\beta \frac{R_C}{r_{be}}$$

当放大器接入负载电阻 R_L 时，电压放大倍数为

$$A_u = -\beta \frac{R'_L}{r_{be}} \text{（其中 } R'_L = R_C /\!/ R_L\text{）}$$

所以，R_L 对电压放大倍数是有影响的，显然，R_L 电阻值越小，电压放大倍数就越低。

（4）发射极电容 C_3 对电压放大倍数的影响　C_3 接入时，电压放大倍数的计算如（3）所述，把 C_3 去掉，电压放大倍数为

$$A_u = -\beta \frac{R'_L}{r_{be} + (1+\beta)R_E} \quad \text{（其中 } R'_L = R_C /\!/ R_L\text{）}$$

所以把 C_3 去掉后电压放大倍数要减小。

四、实验步骤

实验板电路如图 12-2 所示。

1. 静态工作点的测量

1）把实验板上的元器件用导线接成一个分压式偏置电路（5 和 6 点相连，9 和 14 点相连，10 和 12 点相连）。

2）当 $u_i = 0$，即无交流信号输入的情况下，调节 RP_1，用直流电压表观测 U_{CE}，当其为电源电压的一半（6V）时，可视为工作点已调整到了直流负载线中部。

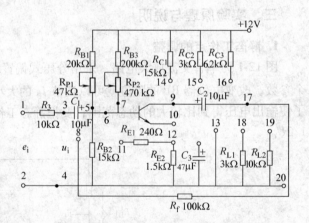

图 12-2　单管放大电路实验板

3）测量此时的 I_B（5 和 6 点间接入电流表）、I_C（14 和 9 点间接入电流表），测量结果记入表 12-1 中。

2. 电压放大倍数的测量

在上面基础上，再将 12 点和 C_3 相连，在输入端（图 12-2 中的 3、4 之间）加输入信号，$u_i = 6mV$（1kHz），用示波器观察放大电路输出电压波形，在不失真情况下测出电压放大倍数。

1）放大电路空载情况下测量输出电压 U_o（17 点和 20 点之间的电压有效值），计算出空载时的电压放大倍数，记入表 12-2 中。

2）接入负载电阻 R_{L1}（17 和 18 点相连），测量输出电压 U_o，计算出带载情况下电压放大倍数，记入表 12-2 中。

3）去掉发射极电容 C_3，测量空载及负载下输出电压 U_o，分别计算出电压放大倍数，记入表 12-2 中。

3. 观察电路参数对放大器性能的影响

在下列各种情况下用示波器观测输出电压波形的变化，记入表 12-3 中。

（1）静态工作点对输出波形的影响　调整静态工作点，观测截止失真、饱和失真情况。

（2）输入信号对输出波形的影响　在静态工作点合适的情况下，增大输入信号，观测大信号失真情况。

*（3）发射极电阻对放大倍数的影响　在静态工作点、输入信号合适的情况下，即不失真情况下，观测接入电容 C_3、去掉发射极电容 C_3 时输出电压的波形变化。

*（4）负载电阻对放大倍数的影响　在输入信号一定和不失真情况下，观测负载电阻增加或减小时输出电压波形的变化。

* 4. 输入电阻和输出电阻的测量

放大电路与信号电源的连接可等效成图 12-3 所示电路。其中 r_i 为放大电路的输入电阻，R_S 为模拟信号源内阻，把低频信号发生器输出调到 6mV（即 E_i 为 6mV），加到放大电路输入端（图 12-2 中的 1、2 之间），测量放大电路的输入电压 U_i（图 12-2 中的 3、4 之间的电压有效值），即可计算出放大电路的输入电阻

$$r_i = \frac{R_S U_i}{E_i - U_i}$$

测量数据记入表 12-4 中。

放大电路与负载的连接可等效为图 12-4 所示电路，当未接入 R_L 时，测量输出电压为 U'_o，接入 R_L 时，测量输出电压为 U_o，利用表 12-2 中的测量数据即可计算出放大电路的输出电阻为

$$r_o = \left(\frac{U'_o}{U_o} - 1 \right) R_L$$

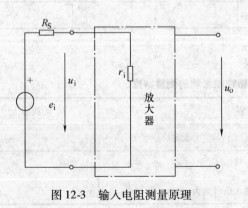

图 12-3　输入电阻测量原理　　　　　　　　图 12-4　输出电阻测量原理

*5. 测量上限和下限频率

放大电路电压放大倍数 A_u 的大小随频率变化的关系称为幅频特性，如图 12-5 所示。由图可以看出在一个较宽的频率范围内，曲线是平坦的，放大倍数不随频率而变，这一段频率范围称为中频段，在中频段以外，随着频率的减小或增大，放大倍数都将下降。工程上规定当其下降为中频段放大倍数的 0.707 倍时，相对应的低频频率和高频频率分别称为下限频率 f_L 和上限频率 f_H。实验时让输入信号的幅度保持不变，改变信号频率，观测输出信号的幅度，当输出信号的幅度下降到中频段的 0.707 倍时所对应的频率值即为 f_L 和 f_H。测量数据记入表 12-5 中。

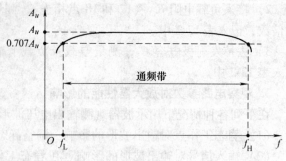

图 12-5 放大器的幅频特性

五、实验结果与数据

1. 静态工作点的测量数据

表 12-1 静态工作点的测量数据

U_{CC}/V	$I_B/\mu A$	I_C/mA	U_{CE}/V

2. 电压放大倍数的测量数据

表 12-2 电压放大倍数的测量数据

U_i/mV	电路情况		R_L/Ω	U_o/mV	A_u
	有 C_3	放大电路空载			
		接入负载电阻 R_{L1}			
	去掉 C_3	放大电路空载			
		接入负载电阻 R_{L1}			

3. 电路参数对放大电路性能影响的测量数据

表 12-3 电路参数对放大电路性能影响的测量数据

U_i/mV	电路情况		U_o 的波形
	静态工作点	太高	
		太低	
	静态工作点合适，输入信号太大		

4. 输入电阻的测量数据

表 12-4　输入电阻的测量数据

R_S/Ω	E_i/mV	U_i/mV	R_i/Ω

5. 通频带的测量数据

表 12-5　通频带的测量数据

f/Hz									$f_L = (\quad)$	$f_H = (\quad)$
A_u										

六、注意事项

（1）直流稳压电源的输出电压按要求调好后，才允许接入电路。

（2）注意区别被测电压、电流是直流还是交流，正确选用仪表。

（3）各测量仪器之间一定要共地。

七、思考题

（1）电路中 R_E、C_3 各起什么作用？

（2）如果 R_C 被短路，放大电路还有电压放大作用吗？

实验十三　阻容耦合多级放大电路及综合测试

一、实验目的

(1) 了解阻容耦合放大电路级间的相互关系。

(2) 学习放大电路输入电阻和输出电阻的测试方法。

(3) 了解负反馈对放大电路性能（放大倍数、非线性失真、输入电阻、输出电阻）的影响。

二、实验仪器及设备

(1) 直流稳压电源　　　　　　1台

(2) 双踪示波器　　　　　　　1台

(3) 放大电路实验板　　　　　1块

(4) 信号源　　　　　　　　　1台

(5) 直流电压表、电流表　　　各1块

(6) 交流毫伏表　　　　　　　1块

三、实验原理与说明

阻容耦合放大电路前后级的静态工作状态互不影响，各级的静态工作点可以单独调试。前级电压动态工作范围小，所以前级的静态工作点比后级设置的要低。

多级放大电路总的电压放大倍数等于各级电压放大倍数的乘积。

放大电路的输入电阻、输出电阻是放大电路性能的重要指标之一，图13-1为两级阻容耦合放大电路输入和输出的等效电路。由图可见，放大电路的输入电阻 r_i 就是信号源的负载，它对信号源的工作有影响；放大电路对负载来说是一个信号源，放大电路的输出电阻就是该信号源的内阻，它决定负载变动时放大倍数的稳定性。

放大电路输入电阻测量原理如图13-2所示。设放大电路的输入电阻为 r_i，当信号源有内阻 R_S 时，放大电路的实际输入电压有效值为 $U_i = r_i E_S / (R_S + r_i)$，再将信号源改接到电位器RP上，替代放大电路的输入电阻，则电位器RP两端的电压 $U_{RP} = R_{RP} E_S / (R_S + R_{RP})$，

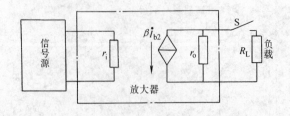

图13-1　两级放大器输入和输出的等效电路

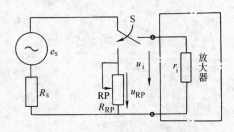

图13-2　放大器输入电阻测量原理图

调节电位器 RP，使 $U_{RP} = U_i$，则电位器 RP 的电阻等于 r_i，测量电位器 RP 的电阻就可求得放大电路的输入电阻。

放大电路输出电阻可根据戴维南定理来测量，原理如图 13-3 所示。放大电路输出端的等效电路可以变换成电压源电路，分别测出放大电路不带负载时电压即开路电压的有效值 U_{OC} 及带负载时电压有效值 U_{OL}，由图 13-3b 可知 $U_{OL} = R_L U_{OC} / (R_L + r_o)$，如果 R_L 已知，可求得

$$r_o = (U_o - U_{OL}) R_L / U_{OL}$$

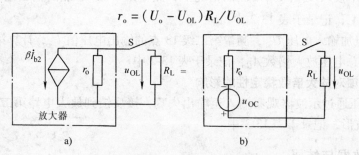

图 13-3　放大电路输出电阻的测量

以上测量必须在输出电压波形不失真的条件下进行。

在放大器中引入负反馈，可以改善放大器的性能，改变输入电阻和输出电阻。

本实验通过改变负载（放大电路输出端开路和接上负载 R_L）来观察比较有、无反馈时放大倍数的稳定性。阻容耦合放大电路的实验电路原理如图 13-4 所示。

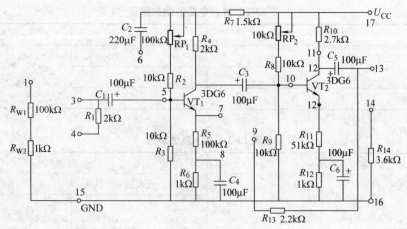

图 13-4　阻容耦合多级放大电路

四、实验步骤

1. 调整各级静态工作点

调节 RP_1 使 $U_{CE1} = 6V$，调节 RP_2 使 $U_{CE2} = 4V$（在 2.37～5V），测量并记录各级静态工作点，记录于表 13-1 中。

2. 动态波形

信号发生器的衰减置于 60dB，其输出信号接至实验板输入端 3 点，放大器输入 $f =$ 1kHz、$U_i = 5mV$（不超过 10mV）的信号。用示波器观察输入信号 U_i 与第一级 10 点输出电压及第二级输出电压 13 点的波形。

3. 测量放大电路的放大倍数

（1）分别在不接入及接入第二级的情况下，测量第一级 10 点的输出电压 U_{o1}，计算第一级的放大倍数 A_u，记录于表 13-2 中。

（2）在 10 点加输入电压 U_{o1}，测量第二级 13 点的输出电压值 U_o，计算第二级的电压放大倍数 A_u，计算总电压放大倍数 A_U，记录于表 13-2 中。

4. 测量负反馈对放大倍数稳定性的影响

调节输入电压通过示波器观察输入至输出失真，接反馈到放大电路第二级（9 和 11 连接），观察输出波形，记录于表 13-3 中。

五、实验数据与结果

表 13-1　静态工作点的测量

	U_{CC}/V	U_{CE}/V
第一级		
第二级		

表 13-2　放大电路的动态测量

	U_i	U_o	A_u	A_U
第一级				
第二级				

表 13-3　加入反馈波形

输入波形	输出波形	
	无反馈	有反馈

六、思考题

（1）讨论第二级对第一级放大倍数的影响。

（2）总结电压串联负反馈对放大电路的放大倍数、输入电阻、输出电阻及输出电压波形失真的影响。

实验十四　差动放大电路的研究

一、实验目的

（1）加深对差动放大电路性能及特点的理解。

（2）学习差动放大电路主要性能指标的测试方法。

二、实验仪器及设备

（1）信号源　　　　　　　　　　1 台

（2）交流毫伏表　　　　　　　　1 块

（3）示波器　　　　　　　　　　1 台

（4）数字直流电压表　　　　　　1 块

（5）实验电路板　　　　　　　　1 块

（6）晶体管 3DG6×3（或 9011×3），要求 VT_1、VT_2 管特性参数一致。

三、实验原理与说明

图 14-1 为差动放大电路的原理图。其中 VT_1、VT_2 组成了差动放大器，它由两个元器件参数相同的基本共射放大电路组成。当开关 S 拨向左边时，构成典型的差动放大器。调零电位器 RP 用来调节 VT_1、VT_2 管的静态工作点，使得输入信号 $U_i = 0$ 时，双端输出电压 $U_o = 0$。R_E 为两管共用的发射极电阻，它对差模信号无负反馈作用，因而不影响差模电压放大倍数，但对共模信号有较强的负反馈作用，故可以有效地抑制零漂，稳定静态工作点。

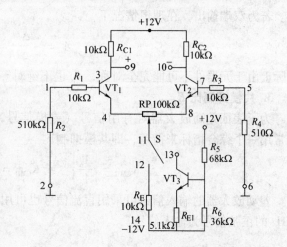

图 14-1　差动放大电路原理图

当开关 S 拨向右边时，构成具有恒流源的差动放大器，用晶体管恒流源代替发射极电阻 R_E，可以进一步提高差动放大器抑制共模信号的能力。

1. 静态工作点的估算

典型电路

$$I_E \approx \frac{|U_{EE}| - U_{BE}}{R_E} \quad （认为 U_{B1} = U_{B2} \approx 0）$$

$$I_{C1} = I_{C2} = \frac{1}{2} I_E$$

恒流源电路

$$I_{C3} \approx I_{E3} \approx \frac{\dfrac{R_2}{R_1 + R_2}(U_{CC} + |U_{EE}|) - U_{BE}}{R_{E3}}$$

$$I_{C1} = I_{C2} = \frac{1}{2}I_{C3}$$

2. 差模电压放大倍数和共模电压放大倍数

当差动放大器的射极电阻 R_E 足够大，或采用恒流源电路时，差模电压放大倍数 A_d 由输出方式决定，而与输入方式无关。

双端输出 $R_E = \infty$，RP 在中心位置

$$A_d = \frac{-U_o}{U_i} = \frac{-\beta R_C}{r_{be} + R_1 + \dfrac{1}{2}(1+\beta)R_{RP}}$$

单端输出 $A_{d1} = \dfrac{\Delta U_{C1}}{\Delta U_i} = \dfrac{1}{2}A_d$ $A_{d2} = \dfrac{\Delta U_{C2}}{\Delta U_i} = -\dfrac{1}{2}A_d$

当输入共模信号时，若为单端输出，则有

$$A_{c1} = A_{c2} = \frac{\Delta U_{C1}}{\Delta U_i} = \frac{-\beta R_C}{R_1 + r_{be} + (1+\beta)\left(\dfrac{1}{2}R_{RP} + 2R_E\right)} \approx -\frac{R_C}{2R_E}$$

若为双端输出，在理想情况下

$$A_c = -\frac{\Delta U_o}{\Delta U_i} = 0$$

实际上由于元器件不可能完全对称，A_c 也不绝对等于零。

3. 共模抑制比 K_{CMR}

为了表征差动放大器对有用信号（差模信号）的放大作用和对共模信号的抑制能力，通常用一个综合指标来衡量，即共模抑制比

$$K_{CMR} = \left|\frac{A_d}{A_c}\right| \quad \text{或} \quad K_{CMR} = 20\lg\left|\frac{A_d}{A_c}\right|(\text{dB})$$

差动放大器的输入信号可采用直流信号也可用交流信号。本实验由信号源提供频率 $f = 1\text{kHz}$ 的正弦信号为输入信号。

四、实验步骤

1. 典型差动放大器的性能测试

按差动放大电路原理图连接实验电路，开关 S 拨向左边构成典型差动放大器。

（1）测量静态工作点

1）调节放大器零点。信号源不接入，将放大器输入端 1、5 与地短接，接通 ±12V 直流电源，用数字电压表测量输出电压 U_o，调节调零电位器 RP，使 $U_o = 0\text{V}$。调节要仔细，力求准确。

2）测量静态工作点。零点调好以后，用数字电压表测量 VT$_1$、VT$_2$ 管各电极电位及射极电阻 R_E 两端电压 U_{RE}，记入表 14-1 中。

（2）测量差模电压放大倍数　断开直流电源，将信号源的输出端接放大器输入 1 端，地端接放大器输入 5 端构成双端输入方式（注意：此时信号源浮地），调节输入信号频率 f = 1kHz，输出旋钮旋至零，用示波器监视输出端（集电极 C_1 或 C_2 与地之间）。

接通 ±12V 直流电源，逐渐增大输入电压 U_i（约 100mV），在输出波形无失真的情况下，用交流毫伏表测 U_i、U_{C1}、U_{C2}，记入表 14-2 中，并观察 U_i、U_{C1}、U_{C2} 之间的相位关系及 U_{RE} 随 U_i 变化而改变的情况（如测 U_i 时因浮地有干扰，可分别测 1 点和 5 点对地间电压，两者之差为 U_i）。

（3）测量共模电压放大倍数　将放大器输入端 1、5 短接，信号源接 1 端与地之间，构成共模输入方式，调节输入信号 f = 1kHz、U_i = 1V，在输出电压无失真的情况下，测量 U_{C1}、U_{C2} 的值记入表 14-2 中，并观察 U_i、U_{C1}、U_{C2} 之间的相位关系及 U_{RE} 随 U_i 变化而改变的情况。

2. 具有恒流源的差动放大电路性能测试

将差动放大电路中的开关 S 拨向右边，构成具有恒流源的差动放大电路。重复实验步骤 1 的要求，把结果记入表 14-1 和表 14-2 中。

五、实验结果与数据

表 14-1　差动放大电路主要性能指标的测试

测量值	U_{C1}/V	U_{B1}/V	U_{E1}/V	U_{C2}/V	U_{B2}/V	U_{E2}/V	U_{RE}/V
计算值	I_C/mA			I_B/mA		U_{CE}/V	

表 14-2　电压放大倍数的测量

	典型差动放大电路		具有恒流源的差动放大电路	
	双端输入	共模输入	双端输入	共模输入
U_i/V	0.1	1	0.1	1
U_{C1}/V				
U_{C2}/V				
$A_d = -\dfrac{U_o}{U_i}$				
$A_c = -\dfrac{\Delta U_c}{\Delta U_i}$				
$K_{CMR} = \left\| \dfrac{A_d}{A_c} \right\|$				

六、思考题

（1）根据实验电路参数，估算典型差动放大器和具有恒流源的差动放大器的静态工作点及差模电压放大倍数。

（2）测量静态工作点时，放大器输入端 1、5 与地应如何连接？

（3）实验中怎样获得双端和单端输入差模信号？怎样获得共模信号？画出 1、5 端与信号源之间的连接图。

（4）怎样进行静态调零点？用什么仪表测 U_o？

（5）怎样用交流电压表测双端输出电压 U_o？

实验十五　运算放大器的线性应用

一、实验目的

（1）了解如何用运算放大器构成反相比例放大器、反相器、反相加法器、同相比例放大器、电压跟随器、差动比例放大器、减法器、微分电路、积分电路。

（2）了解这些电路有何特性、在实际生产中有什么用途。

二、实验仪器及设备

（1）直流稳压电源	1 台
（2）示波器	1 台
（3）低频信号发生器	1 台
（4）电容箱	1 个
（5）电阻箱	1 个
（6）万用表或电压表	1 块
（7）运放应用实验板	1 块

三、实验原理与说明

1. 用实验板上的元器件构成反相比例放大器

如图 15-1 所示，通过对输入和输出电压的测量来计算电压放大倍数，验证 $U_o = -\dfrac{R_f}{R_1}U_i$ 的关系。通过改变 R_f 和 R_1，来确定在什么条件下比例关系成立。在什么条件下变成反相器，即符合 $U_o = -U_i$ 的关系（信号可由实验板右部的直流输出插口 U_1 或 U_2 提供）。

2. 用实验板上的元器件构成反相加法器

如图 15-2 所示，通过对输入和输出电压的测量来验证 $U_o = -\left(\dfrac{R_f}{R_1}U_{i1} + \dfrac{R_f}{R_2}U_{i2}\right)$ 的关系，改变电阻值验证 $U_o = -(U_{i1} + U_{i2})$ 的关系。

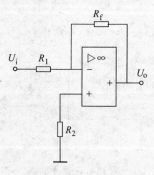

图 15-1　反相比例放大器

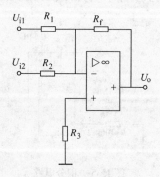

图 15-2　反相加法器

3. 构成同相比例放大器

如图 15-3 所示，测量输出和输入电压，确定电压放大倍数，验证 $U_o = \left(1 + \dfrac{R_f}{R_1}\right)U_i$ 的关系。通过改变 R_f 和 R_1，观察在什么条件下比例关系成立，什么条件下变成电压跟随器，即 $U_o = U_i$。

4. 构成差动比例放大器

如图 15-4 所示，通过对输入和输出电压的测量来验证 $U_o = \dfrac{R_3}{R_2 + R_3}\left(1 + \dfrac{R_f}{R_1}\right)U_{i2} - \dfrac{R_f}{R_1}U_{i1}$ 的关系。

电路中 $R_f /\!/ R_1 = R_1 /\!/ R_2$，则 $U_o = \dfrac{R_f}{R_1}U_{i2} - \dfrac{R_f}{R_1}U_{i1}$，并找出电路元件参数与输出、输入电压之间的关系。当电路满足什么条件时可构成减法器，即 $U_o = U_{i2} - U_{i1}$。

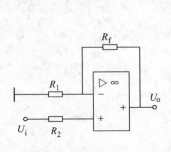 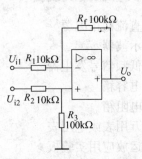

图 15-3　同相比例放大器　　　　　　图 15-4　差动比例放大器

*5. 构成积分电路

如图 15-5 所示，满足 $u_o = -\dfrac{1}{R_1 C_f}\displaystyle\int u_i \mathrm{d}t$ 的关系。当输入直流电压时，输出电压应与时间成正比增大。可由电子计时器记录时间，并通过对输出和输入电压的测量得到 U_o 和 U_i 的关系，可画出 $U_o = f(t)$ / U_i = 常数的关系曲线。并分析 R_1 及 C_f 值对观测的影响。

*6. 构成微分电路

如图 15-6 所示，满足 $u_o = -C_1 R_f \dfrac{\mathrm{d}u_i}{\mathrm{d}t}$ 的关系。当输入端由方波发生器输入方波时，输出信号应为尖脉冲，可用示波器观察输入输出波形。

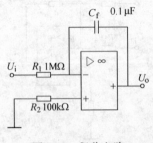 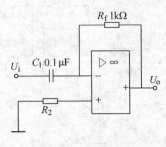

图 15-5　积分电路　　　　　　　　图 15-6　微分电路

四、实验步骤

按要求组成下述电路，将数据记入表 15-1 和表 15-2 中，并分析是否满足其运算关系。

1. 组成反相比例放大器

（1）按图 15-1 连接电路，取 $R_1 = 10\text{k}\Omega$，$R_f = 20\text{k}\Omega$，$R_2 = 10\text{k}\Omega /\!/ 20\text{k}\Omega$（可用 $10\text{k}\Omega$ 电阻）。在实验板上 U_i 位置，用电压表监测，调出 2V 电压加到输入端，测量输出端的电压 U_o。

（2）取 $R_1 = 10\text{k}\Omega$，$R_f = 100\text{k}\Omega$，$R_2 = 10\text{k}\Omega$，仍按图 15-1 所示反相比例放大器电路连接。在实验板上 U_i 位置调出 0.5V 电压加到输入端，测量输出端的电压 U_o。

（3）组成反相器。电路连接同上，取 $R_1 = R_2 = R_f = 10\text{k}\Omega$，$U_i = 2\text{V}$，加到输入端测量输出电压 U_o。

2. 组成反相加法器

（1）按图 15-2 连接电路，取 $R_1 = 10\text{k}\Omega$，$R_2 = 20\text{k}\Omega$，$R_3 = 10\text{k}\Omega$，$R_f = 20\text{k}\Omega$。在实验板上，调出 $U_{i1} = U_{i2} = 0.5\text{V}$，分别加到电路的两个输入端，测量输出端的电压 U_o。

（2）仍按图 15-2 连接电路，取 $R_1 = 100\text{k}\Omega$，$R_2 = 20\text{k}\Omega$，$R_3 = 10\text{k}\Omega$，$R_f = 100\text{k}\Omega$。在实验板上，调出 $U_{i1} = U_{i2} = 0.5\text{V}$，分别加到电路的两个输入端，测量输出端的电压 U_o。

3. 组成同相比例放大器和电压跟随器

（1）按图 15-3 连接电路，取 $R_1 = 10\text{k}\Omega$，$R_2 = 10\text{k}\Omega$，$R_f = 100\text{k}\Omega$，调 $U_i = 0.5\text{V}$，加到输入端，测量输出端的电压 U_o。

（2）仍按图 15-3 连接电路，取 $R_1 = 20\text{k}\Omega$，$R_2 = 10\text{k}\Omega$，$R_f = 100\text{k}\Omega$，调 $U_i = 0.5\text{V}$，加到输入端，测量输出端的电压 U_o。

（3）组成电压跟随器。电路连接同上，取 $R_1 = R_2 = 10\text{k}\Omega$，$R_f = 0$，$U_i = 0.5\text{V}$，测量输出端的电压 U_o。

4. 组成差动比例放大器

（1）按图 15-4 连接电路，取 $R_f = 100\text{k}\Omega$，$R_1 = 10\text{k}\Omega$，$R_2 = 10\text{k}\Omega$，$R_3 = 100\text{k}\Omega$，组成差动比例放大器，U_{i1} 输入 0.2V 直流信号，U_{i2} 输入 0.6V 直流信号。信号可取自实验板 U_1、U_2 插口，测量输出电压 U_o。

（2）仍按图 15-4 连接电路，取 $R_1 = R_2 = R_3 = R_f = 10\text{k}\Omega$，$U_{i1}$ 输入 1V 直流信号，U_{i2} 输入 4V 直流信号，测量输出电压 U_o。

（3）组成减法器。各 R 取值同（2）项，改变 $U_{i1} = 2.5\text{V}$，$U_{i2} = 3.5\text{V}$，测量输出电压 U_o。

*5. 组成积分电路

（1）取 $R_1 = 10\text{M}\Omega$，$C_f = 0.1\mu\text{F}$，按图 15-5 组成积分电路，把直流电压表接到输出端，给电容短路放电。电子计时器置零，输入直流 0.5V 的电压并同时启动计时器。记录当计时器为 1s、2s、4s、6s、8s、12s、14s、16s、18s、20s、22s……时所对应的输出电压值。

（2）将 C_f 换为 $23.5\mu\text{F}$，U_i 调整到 5V，重复上述步骤。记录当计时器为 5s、10s、20s、30s、40s……时所对应的输出电压值。

*6. 组成微分电路

取 $R_2 = 100\text{k}\Omega$，$C_1 = 0.1\mu\text{F}$，$R_f = 1\text{k}\Omega$，按图 15-6 所示微分电路构成实验电路。在输入端输入方波信号，信号的幅值可选为 1V，周期为 1~2ms，信号可由方波发生器获得。输入端同时接入示波器，观察方波波形。把微分电路输出端的输出信号输入到示波器，可观察到一系列的尖脉冲输出。

五、实验结果及数据

表 15-1　运放线性应用测量记录表

电路 ＼ 参数	R_f	R_1	R_2	R_3	C_1	C_f	U_{i1}	U_{i2}	U_o	A_u	U_o 与 U_i 运算关系或波形
反相比例放大器											
反相器											
反相加法器											
同相比例放大器											
跟随器											
差动比例放大器											
减法器											
微分器											
积分器											

表 15-2　积分器输出电压记录

$C_f = 0.1\mu\text{F}$	时间/s	1	2	4	6	8	10	12	14	16	18	20	22	24
	U_o/V													
$C_f = 23.5\mu\text{F}$	时间/s	5	10	20	30	40	60	80	100	120	150	180	200	220
	U_o/V													

六、思考题

（1）如何选择电阻 R_2？它对电路有什么影响？

（2）如何把单向脉冲输入信号通过运算放大器构成的电路转变成方波信号（既有正向脉冲又有负向脉冲）。

实验十六　运算放大器的非线性应用

一、实验目的

（1）了解集成运放的非线性应用。
（2）了解如何用集成运放构成信号产生电路。
（3）了解集成运放在实际生产中的应用。

二、实验仪器及设备

（1）直流稳压电源	1台
（2）示波器	1台
（3）万用表	1块
（4）电容箱	1个
（5）电阻箱	1个
（6）运放应用实验板	1块

三、实验原理与说明

1. 文氏电桥正弦波发生器

图 16-1 所示文氏电桥电路是一种 RC 振荡电路，由同相输入运算放大电路、正反馈网络、选频网络和稳幅环节组成，图中 RC 串并联电路即为正反馈（兼选频）网络，VS 为稳幅环节。当串联网络与并联网络的 R 和 C 分别相等时，输出正弦信号的频率为 $f = 1/(2\pi RC)$。所以改变 R 或 C 值，可改变输出正弦信号的频率。自激振荡的条件为 $AF = 1$，由于该正反馈网络有 1/3 的衰减，所以要求放大器有 $A_u \geqslant 3$ 的增益。当放大器采用同相输入方式时，$A_u = (1 + R_f/ R_1)$，所以要求 $R_f \geqslant 2R_1$ 才能使 $A_u \geqslant 3$，电路才能起振。可由调节 R_f 来调节放大器的增益，通过对输出信号在示波器上的显示情况，观测正弦波发生器是否起振及输出信号频率。

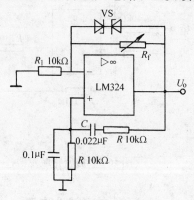

图 16-1　文氏电桥电路

2. 过零比较器

图 16-2 所示过零比较器的运算放大器工作于开环状态，没有负反馈回路，因而工作于非线性状态。它的反相输入端接输入信号 U_i，同相输入端接参考电位 U_R。由于集成运放的开环放大倍数很大，只要反相输

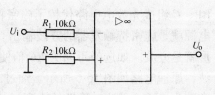

图 16-2　过零比较器

61

入端的电位高于同相输入端的电位，输出端 U_o 即为负的最大饱和值（接近电源电压 E_-），反之输出端 U_o 即为正的最大饱和值（接近电源电压 E_+），即 $U_{i-} > U_{i+}$ 则 $U_o = E_-$，$U_{i-} < U_{i+}$ 则 $U_o = E_+$。当 $U_{i-} = U_{i+}$ 时，电路处于翻转状态。显然，只要改变同相输入端的电压 U_R，就可以改变翻转变化的位置。如 $U_R = 0$（接地），则电路在 $U_i = 0$ 时翻转。

3. 施密特触发器（滞回比较器）

在电压比较器电路中加入正反馈 R_f，成为图 16-3 所示的施密特触发器电路，其翻转条件仍是 $U_{i-} = U_{i+}$。由电路图可知 U_{i+} 由两部分组成，一部分是 U_R 提供的，另一部分是 U_o 提供的，U_o 电压由稳压管限制，$U_o = U_Z + U_{VS}$（U_Z 为稳压管稳压值，U_{VS} 为稳压管正向压降），由叠加定理可知

$$U_o = \frac{R_f}{R_2 + R_f} U_R + \frac{R_f}{R_2 + R_f} \left[\pm (U_Z + U_{VS}) \right]$$

若 $U_R = 0$，则仅存后边一项。由于 U_o 有正、负两种情况，所以该电路有两个翻转点。当 $U_i = \dfrac{R_2}{R_2 + R_f}(U_Z + U_{VS}) = U_{TH}$ 时，称为上门限电压；当 $U_i = \dfrac{R_2}{R_2 + R_f}\left[-(U_Z + U_{VS}) \right] = U_{TL}$ 时，称为下门限电压。以上两式是两个翻转点与电路参数之间的关系。通过改变 U_i 并观测 U_o 即可得到 $U_o = f(U_i)$ 的关系曲线，U_o 随 U_i 变化的曲线为图 16-4 所示的滞回曲线。

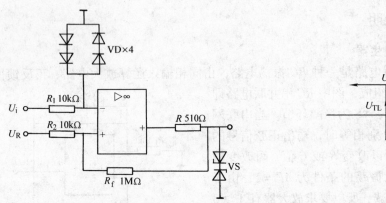
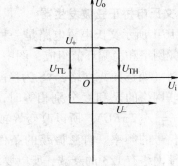

图 16-3 施密特触发器　　　　　　　　图 16-4 滞回曲线

4. 三角波、方波产生电路

图 16-5 为三角波、方波产生电路，它由施密特触发器和一个 RC 充放电电路构成。R_1、RP、C 组成充放电电路代替了施密特触发器中的 U_i 接到反相输入端，而 RC 充放电电路的电源就是施密特触发器的方波输出。取电容器两端的电压，就近似是三角波，放大器输出波形就是方波。如选择不同的 RC 值使得充电和放电时间常数不同，也可以把三角波变成锯齿波，原理电路如图 16-6 所示。通过二极管的单向导电性使充电时间常数为 $R_1 C$，放电时间常数为 $R_2 C$。方波对称性的改变与其类似。

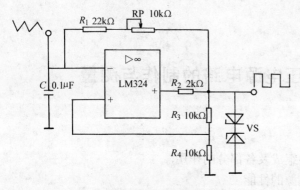
图 16-5　三角波、方波发生器

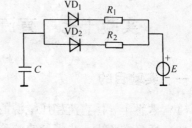
图 16-6　电容器充放电路

四、实验步骤

1. 组成文氏电桥正弦波产生电路

用图 15-1 所示运放应用实验板上的放大器组成一个文氏电桥正弦波产生电路，用示波器观测输出信号。通过改变 R 和 C 观测频率的变化，改变 R_f 来观测电路的起振条件及对波形的影响。电路如图 16-1 所示，并把观测到的波形画出。

2. 组成过零比较电路

用图 15-1 所示实验板上的运算放大器组成一过零比较电路，如图 16-2 所示。输入信号 U_i 为正弦波，用示波器观测输出电压，并记录 $U_o = f(U_i)$ 的波形。若比较点不在零点，电路应如何改变？

用双踪示波器观测输入输出电压波形时，示波器的时间控制旋钮调到 $X—Y$ 位置，触发源开关调到"外加"，"X 输入"插口接比较器的输入信号 U_i，"Y 输入"插口接比较器的输出信号 U_o。

3. 组成滞回电路

用运放实验板组成一滞回电路（施密特触发器），电路如图 16-3 所示。通过对输入和输出电压的观测得到 $U_o = f(U_i)$ 的关系曲线。实验时输入信号为正弦波，用示波器观测并记录输出电压 U_o 的波形。示波器采用"$X—Y$"输入方式，"X 输入"插口输入 U_i 信号，"Y 输入"插口输入 U_o 信号。

改变电路的哪些参数可以使滞回曲线的两个转折点位置变化，有什么规律？

4. 组成输出方波和三角波的电路

用运放实验板构成一个输出方波和三角波的电路，如图 16-5 所示。如何把三角波变成锯齿波？如何改变方波的对称性？画出电路图。

五、思考题

（1）举出一个施密特触发器实际应用的例子。

（2）如何用运算放大器构成一个仅输出正脉冲的电路？

实验十七 直流稳压电源电路的制作与测量

一、实验目的

（1）熟悉半导体直流稳压电源的电路组成及各部分的作用。

（2）通过实验进一步了解直流稳压电源的性能。

二、实验仪器及设备

（1）自耦调压器　　　　　　　　1台

（2）整流变压器　　　　　　　　1台

（3）示波器　　　　　　　　　　1台

（4）万用表　　　　　　　　　　1块

（5）整流实验电路板　　　　　　1块

三、实验原理与说明

大多数半导体直流稳压电源由图 17-1 所示的几个部分组成。

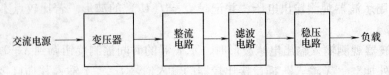

图 17-1　半导体直流稳压电源的原理框图

1. 整流电路和滤波电路

交流电源的电压首先通过整流变压器变换成符合整流需要的电压，然后通过整流电路将该交流电压变换成单向脉动电压。在单向脉动电压中，除了所需要的直流成分，还包含交流成分。经过滤波电路后，可将大部分交流成分"滤掉"，从而使波形变得比较平滑。

2. 稳压电路

由整流、滤波电路输出的直流电压稳定程度较差。输出直流电压不稳定的原因有两方面：一方面是交流电网电压有时变化，使输出电压随之变化；另一方面是整流滤波电路具有较大内阻，当负载电流变化时，电源内阻上的压降变化，使输出电压随之变化。采用稳压电路后，输出电压的稳定程度将大为改善，同时其波形也更加平滑。

半导体直流稳压电源的各部分电流都具有多种不同的形式。本实验仅研究由单相桥式整流、电容滤波及稳压管稳压电路（或串联式晶体管稳压电路）所组成的直流稳压电源。两种稳压电路可视具体情况选用其中一种。

单相桥式整流电路的输出直流电压 U_L，与输入交流电压 U（有效值）之间的关系为

$$U_L = 0.9U$$

经过电容滤波后则为

$$U_L = (1.0 \sim 1.4)U$$

经过稳压管稳压电路（见图17-2）后则为

$$U_L = U_{VS}$$

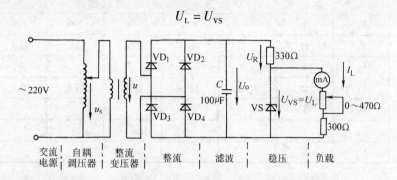

图17-2　稳压管稳压电路原理图

四、实验步骤

1. 观察稳压电源的稳压作用

为了便于比较，把电路分成没有稳压和有稳压两种情况来进行实验。

（1）没有稳压环节的电路

1）按图17-3接线，模拟电网电压 U_s 保持220V不变，在空载、负载电阻为最大及最小的情况下，分别测量电路各部分的电压，并将数据填入表17-1。

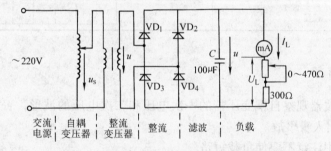

图17-3　没有稳压环节的电路

2）在负载电阻最大时，将模拟电网电压分别调到200V及240V，相应地测量各部分电压值，填入表17-1，进行分析比较。

（2）有稳压电路。

按图17-2接线，测量过程同（1）。

2. 观察和比较半导体直流稳压电源各部分的波形

按图17-2接线，合闸前自耦变压器手柄必须放在零位。自耦变压器的一次侧与交流电源接通后，转动手柄，调节二次电压 u_s，使其有效值从0逐渐上升到220V（以交流电压表测得的数据为准）。示波器采用直流输入，先在荧光屏上调好零输入基准线，然后观察各波形，并描绘在表17-2中，波形的幅度应尽量按比例画出。

五、实验结果与数据

表 17-1　电压及电流测试结果

测 试 项 目		单　位	测 试 结 果					
电网电压	U_s	V	220			200	220	240
没有稳 压电路	R_L	Ω	（空载）	最小	最大	最大	最大	最大
	U_L	V						
有稳压电路	R_L	Ω	（空载）	最小	最大	最大	最大	最大
	U_o	V						
	U_R	V						
	U_L	V						

表 17-2　观察各波形记录

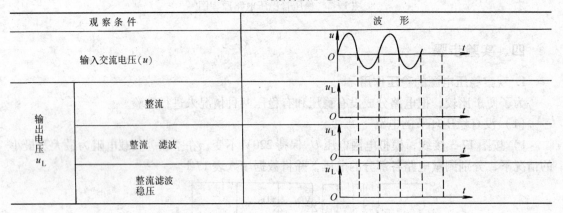

六、注意事项

（1）不要用示波器观察自耦变压器的一次电压和二次电压的波形，否则操作不慎可能导致示波器损坏或出人身事故。

（2）实验过程中注意不要使负载短路。

七、思考题

1. 讨论表 17-2 所得波形，说明了什么问题？

2. 分析表 17-1 中的数据，说明在负载变化时（或电源电压变化时）各部分电压变化的规律，并讨论其原因。

66

实验十八　与非门电路的基本测试与应用

一、实验目的

（1）利用与非门构成基本逻辑门电路。

（2）利用与非门构成电子门铃电路。

二、实验仪器及设备

（1）直流稳压电源	1台
（2）面包板	1块
（3）与非门 74LS00（或 74LS20）	2片
（4）输出变压器和扬声器及实验组件等	

三、实验原理与说明

1. 用与非门构成基本逻辑门电路

与非门经不同的组合可以构成基本逻辑门电路与门、或门、非门。通过对这些电路输入和输出电平进行的观测，可以验证是否满足各种逻辑关系。电路原理图如图18-1、图18-2、图18-3所示。

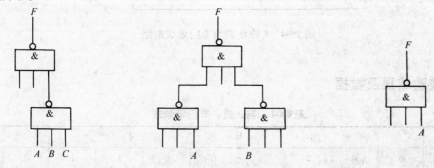

图 18-1　用与非门实现"与"　　　图 18-2　用与非门实现"或"　　　图 18-3　用与非门实现"非"

2. 用与非门制作电子门铃

电子门铃是由 CMOS 四与非门集成电路设计制作的，采用触摸式起动方式，它取代普通的机械式按钮开关，因而可以延长其使用寿命。该装置电路工作原理如图18-4所示，由门电路 DN_1 和 DN_2 构成多谐振荡器，而 DN_3 和 DN_4 则构成音频放大器，通过输出变压器 T 耦合，推动扬声器 BL 发出声音。在等待状态下，门电路 DN_1 的输入端通过电阻 R_1 接零电位，因此多谐振荡器不工作。这时电路所需的电流等于集成电路的漏电流，大约为几个微安，也可以说几乎不耗电。

当用手指触摸金属片 JS_1 和 JS_2 时，电阻 R_2、手指电阻 R_S、电阻 R_3 构成门电路 DN_1 的直流负反馈通路，振荡器开始工作，于是扬声器 BL 发声。信号的频率取决于电容器 C_1 和反馈电路的电阻（即 R_1、R_S 和 R_3 之和）。改变指触的压力，在一定范围内可以改变门铃的音调。

四、实验步骤

1. 组成基本逻辑门电路并进行测试

在实验板（或面包板）上用 74LS00（或 74LS20）与非门组成与门、非门和或门。在输入端分别加入表 18-1 中所列电平（"0" 低电平，0.5V；"1" 高电平，3.6V），输出可用发光二极管显示，发光二极管亮为高电平 "1"，发光二极管灭为低电平 "0"。观测并记录输出电平，填入表 18-1 中，验证是否符合逻辑关系。

2. 制作电子门铃

根据电子门铃电路原理图 18-4，用与非门 74LS00（或 74LS20）在面包板上连接电路，并运用逻辑关系对电路进行检测。

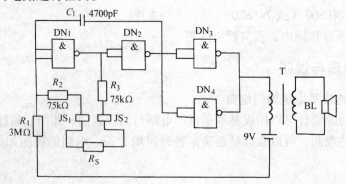

图 18-4　CMOS 四与非门集成电路

五、实验结果及数据

表 18-1　与、或、非门记录表

	与 门				或 门				非 门	
A	0	0	1	1	0	0	1	1	0	1
B	0	1	0	1	0	1	0	1	—	—
F										

六、注意事项

与非门的输入端悬空时，相当于高电平。

七、思考题

用与非门实现 $F = AB + CD + AC$ 的逻辑关系，并画出逻辑电路图。

实验十九　触发器及其应用

一、实验目的

（1）掌握四 D 触发器 74LS175 的逻辑功能及使用。

（2）熟悉几种触发器的工作原理，掌握其逻辑功能的测试方法。

（3）熟悉与非门的使用。

（4）掌握实验电路的工作原理。

（5）练习独立分析故障及排除故障的能力。

二、实验仪器

（1）直流稳压电源	1 台
（2）万用表	1 块
（3）面包板	1 块
（4）74LS20、74LS00、74LS175、NE555	各 1 片
（5）电阻、发光二极管、按钮等组件	若干

三、实验原理与说明

触发器按照电路工作特点的不同，分为基本触发器、同步触发器、边沿触发器等。而边沿触发器又常常按照在时钟脉冲边沿操作下不同的逻辑功能，分为 D、T、JK 触发器等类型。

本实验通过对 RS、D 触发器的逻辑功能的测试及其应用，进一步理解各触发器的工作原理及其触发方式。

1. 四 D 触发器 74LS175

四 D 触发器内部具有四个独立的 D 触发器，四个触发器的输入端分别为 D_1、D_2、D_3、D_4，输出端分别为 Q_1、Q_2、Q_3、Q_4。四 D 触发器具有共同的时钟 CP 端和共同的清零端。这种 D 触发器又称寄存器，它可以寄存数据。当 CP 脉冲未到来时，D 触发器输出端的状态不因输入端状态的改变而改变，起到寄存原来的数据的作用。

2. 与非门 74LS20 及 74LS00

74LS20 为四输入端与非门，一块芯片中有这样两个独立的与非。74LS00 为二输入端与非门，在一块芯片中有这样四个独立的与非。它们的引脚排列可参阅附录三。

3. 四人优先判决电路工作原理

实验电路如图 19-1 所示，优先判决电路是用来判断哪一个预定状态优先发生的电路，如判断赛跑者谁先到达终点，智力竞赛中谁先抢答等。该电路是用四 D 触发器及与非门组成的，CP 脉冲电路由 NE555 组成，SB_1、SB_2、SB_3、SB_4 为抢答人按钮，SB_5 为主持人复位按钮。当无人抢答时 $SB_1 \sim SB_4$ 均未被按下，$D_1 \sim D_4$ 均为低电平，这时触发器 CP 端虽然有连续脉冲输入（脉冲频率约为 10kHz），但 74LS175 的输出端 $Q_1 \sim Q_4$ 均为"0"。发光二极管 VL 不亮，蜂鸣器输入端为低电平，所以不发声。

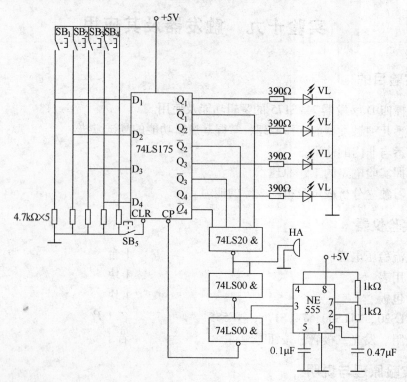

图 19-1　抢答器电路

当有人抢答时，如 SB_1 被按下，在 CP 脉冲作用下，Q_1 立即变为"1"，74LS20 输出为"1"，这时蜂鸣器发声，同时 74LS20 输出经 74LS00 反相后使从 NE555 来的脉冲不能再作用到触发器，即使其他抢答者按下按钮也将不起作用。主持人可通过按 SB_5 按钮，使电路恢复正常状态，并为下一次抢答做好准备。

四、实验步骤

1. 基本 RS 触发器逻辑功能的测试

用与非门接成一基本 RS 触发器，如图 19-2a 所示。测试当 $\overline{R}$ 与 $\overline{S}$ 为不同输入电平时，输出 Q 与 $\overline{Q}$ 的电位及相应的逻辑状态，记入表 19-1 中。

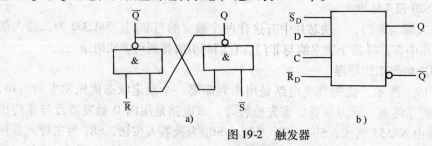

图 19-2　触发器

a）基本 RS 触发器　b）D 触发器

2. D 触发器逻辑功能的测试

如图 19-2b 所示，当 $\overline{S}_D$、$\overline{R}_D$ 为不同逻辑电平时，测试 Q 端电位，并转换成逻辑状态，记入表 19-2（C 接单脉冲，D 接高、低电平）中。

3. 四人优先抢答电路

（1）按图 19-1 连接电路，将按钮 SB_1、SB_2、SB_3、SB_4 分别按下，观察发光二极管 VL 是否正常，蜂鸣器是否发声。

（2）按下 SB_5 按钮，观察工作是否正常。当按下 SB_5 时，发光二极管 VL 全灭，蜂鸣器不发声。

（3）如果发现电路工作不正常，按照原理进行分析，用仪表检查，找出原因并加以解决。

五、实验结果与数据

表 19-1　基本 RS 触发器状态表

$\overline{R}$	$\overline{S}$	Q^n		Q^{n+1}
0	0	0	1	
0	1	0	1	
1	0	0	1	
1	1	0	1	

表 19-2　D 触发器状态表

C	Q^n	D	$\overline{R}_D$	$\overline{S}_D$	Q^{n+1}
×	×	×	1	0	
×	×	×	0	1	

六、注意事项

（1）详细阅读本实验的原理介绍，掌握图 19-1 的工作原理。
（2）在图 19-1 中标注上引脚号。

七、思考题

（1）如果图 19-1 所示电路中的按钮全部改为常闭式，电路应如何改变？
（2）发光二极管为什么要串联一个 390Ω 的电阻？
（3）如何判断发光二极管的正、负极性？
（4）若出现了故障，如何找出故障及排除故障？

实验二十　计数、译码、显示电路

一、实验目的

（1）掌握通用数字集成电路功能表和使用器件的方法。

（2）掌握集成二-十进制加/减计数器引脚的逻辑功能和使用方法。

（3）掌握 BCD—七段锁存译码/驱动器引脚的逻辑功能和使用方法。

（4）了解共阴极发光二极管七段数码显示器的使用方法。

（5）掌握计数—译码—显示系统电路级联及使用方法。

二、实验仪器及设备

（1）直流稳压电源　　　　　　　　　　　　　1 台

（2）数字万用表　　　　　　　　　　　　　　1 块

（3）共阴极七段发光二极管、74LS190、74LS48　各 2 片

（4）面包板及连接插线等。

三、实验原理与说明

1. 原理图说明

图 20-1 为一个二位十进制计数器。图中 74LS190 为同步加/减计数器（BCD），其特点是带加/减控制方式、以 8421BCD 或二进制计数、并行输出、具有串行级联功能。74LS48 是四线-七段显示译码器/驱动器，它把来自计数器 74LS190 的 BCD 码经内部组合逻辑电路译成七段码，驱动七段发光二极管显示相应的十进制数。

2. 各芯片引脚功能介绍

（1）74LS190 各引脚（见图 20-2）功能

UD ——加/减计数控制端，该引脚接低电平时为加计数，接高电平时为减计数；

CE ——计数/保持控制端，该引脚接低电平时计数器计数，接高电平时计数器保持；

CP —— CP 脉冲输入端，上升沿有效；

Q_A、Q_B、Q_C、Q_D ——计数器的并行输出端；

Q_U/Q_C ——逐位串行计数使能端，在计数状态时，该引脚输出进位或借位脉冲；

Q_{CR} ——加法进位和减法借位输出控制端，当该引脚接高电平时，计数器可实现加法进位和减法借位；

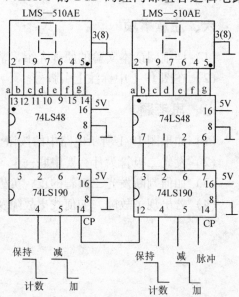

图 20-1　二位十进制计数器

A、B、C、D——为预置数并行输入端，当11引脚接低电平时，该几个引脚的数码并行输入计数器；

LD——为预置数控制端，低电平有效；

V_{CC}、GND——+5V电源引脚。

（2）74LS48各引脚（见图20-3）功能

A、B、C、D——BCD码输入端；

a～g——七段码输出端；

LT——灯测试输入端，当LT=0时，数码管显示器七段全亮，显示8；

RBI——灭零输入端，当RBI=0时，且ABCD=0000时，数码管显示器各段熄灭；

BI——消隐输入端，当BI=0时，显示器各段熄灭；

RBO——动态灭零输出端，它主要用于灭零指示，该端与BI共用一个引出线，内部是与逻辑，如果本位是零，而且七段数码管显示器又被熄灭，则其输出RBO=0，若将RBO接至低位的RBI，低一位被灭零；反之若RBO=1，则说明本位处于显示状态，不允许低位灭零。

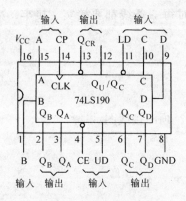

图20-2　74LS190引脚

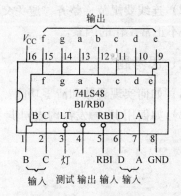

图20-3　74LS48引脚

（3）七段数码管显示器　图20-4为发光二极管数码显示器管脚排列图及内部结构图。七段发光二极管数码显示器的每一笔段是一个发光二极管，将所有发光二极管的阴极接在一起构成COM端，使用时将其接低电位，因此，当任一个发光二极管的阳极加上正向电压时，能使相应笔段发光。

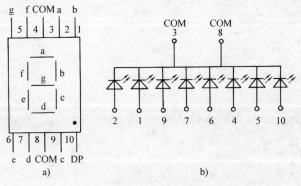

图20-4　发光二极管七段数码显示器

四、实验步骤

按图 20-1 接线，实现如下功能：
（1）试灯和灭灯。
（2）加/减计数。
（3）保持功能测试：在正常加/减计数达到某一值时，将 CE（74LS190 引脚 5）置 1，观察显示值是否变化；然后再将该引脚置 0，观察显示值是否变化。

五、实验结果及数据

记录加/减计数的数据显示情况。

六、注意事项

（1）集成电路芯片的电源电压在 4.5～5V 之间，电压过高或极性加反，都会导致集成芯片烧毁。

（2）连线要规范、整齐，避免交叉和连斜线，同时每一条线都要接实、接牢，减少导致电路不正常工作的因素。

七、思考题

（1）如何实现置数和清零功能?
（2）如何用 JK 触发器构成同步十进制加法计数器？画出接线图。

第二部分 应用及设计性实验

实验二十一 555时基电路及其应用

一、实验目的

(1) 掌握555时基电路的基本功能。
(2) 了解555时基电路的应用。

二、实验仪器及设备

(1) 示波器	1台
(2) 数字逻辑实验箱	1台
(3) 数字万用表	1块
(4) 元器件：	
555集成时基电路	2块（或556集成时基电路1块）
PNP型硅晶体管（如3CG2F）	1只
二极管（如2CK11）	2只
电位器：100kΩ	2只
10kΩ	1只
电解电容：47μF/16V	1只
10μF/16V	1只
100μF/16V	1只
涤纶电容0.1μF	1只
电阻	若干

三、实验原理与说明

555集成电路是20世纪70年代初出现的，开始只是用作定时器，所以称为555定时器或555时基电路，简称555电路。但是后来发现它有很多优异的性能而且用途极广，表现在：一是定时的精度、工作速度和可靠性高；二是使用电源电压范围宽（2~18V），能和数字电路直接连接；三是有一定的输出功率，可直接驱动微型电动机、指示灯、扬声器等；四是结构简单，使用灵活，用途广泛，可组成各种波形的脉冲振荡器、定时延时电路、双稳触发电路、检测电路、电源变换电路、频率变换电路等，被广泛应用于自动控制、测量、通信等各个领域。

555电路有双极型（TTL）和互补金属氧化物半导体型（CMOS）集成电路两大类，由于制造工艺的原因，两者在内部电路上有较大的差别，但工作原理基本相同。下面以 TTL 型 555 电路为例，介绍其主要工作原理。图 21-1 为 TTL555 电路的基本原理及引脚图。

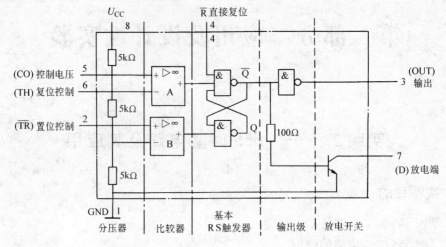

图 21-1   TTL555 电路的原理及引脚图

由图 21-1 可知，555 电路是由分压器、比较器、基本 RS 触发器、输出级和放电开关五部分组成。

分压器的作用是向比较器提供基准电压，A 比较器的基准电压 $U_{A+} = \frac{2}{3}U_{CC}$，B 比较器的基准电压 $U_{B-} = \frac{1}{3}U_{CC}$。也可以在控制端（CO）上外加基准电压 U，这时 $U_{A+} = U$。在 555 电路中 U_{A+} 被称为阈值电平，U_{B-} 被称为触发电平。因为分压器是由 3 个 5kΩ 电阻组成，所以这种集成电路称为 555 时基集成电路。

比较器 A 和 B 是由运算放大器组成的。当 $U_+ > U_-$ 时，比较器输出高电平"1"；当 $U_+ < U_-$ 时，比较器输出低电平"0"。

基本 RS 触发器是 555 时基电路的核心部分，其输出状态由两个比较器的输出电平决定。$\overline{R}$ 为电路的复位端，当 $\overline{R} = 0$ 时，不管触发器原来是什么状态，也不管它输入端加的是什么信号，都使电路输出为"0"。

输出级从基本 RS 触发器的 $\overline{Q}$ 端经反相器送到输出端，从逻辑上讲等于从 Q 端输出。由于反相器的作用，使得 555 电路的带负载能力提高了，可以直接驱动小型继电器、微电机、扬声器等。

555 电路在使用中大多跟电容器的充放电有关，为了使充放电能够反复进行，此电路特别设计了一个放电开关。555 时基电路的逻辑功能见表 21-1。

表 21-1   555 时基电路的逻辑功能表

TH	$\overline{TR}$	$\overline{R}$	OUT	D
×	×	0	0	接　通
$> \frac{2}{3}U_{CC}$	$> \frac{1}{3}U_{CC}$	1	0	接　通
$< \frac{2}{3}U_{CC}$	$> \frac{1}{3}U_{CC}$	1	原状态	原状态
×	$< \frac{1}{3}U_{CC}$	1	1	关　断

注：表中"×"表示任意状态。

四、实验步骤

（1）用一块 555 集成时基电路设计一个多谐振荡器电路。电源电压为 5V，C 取 $0.1\mu F$，要求振荡频率为 1kHz，占空比约为 0.5。请画出多谐振荡器电路图，并计算出 R_1 和 R_2 的阻值。

振荡周期 $$T \approx 0.7(R_1 + 2R_2)C$$

$$占空比 = \frac{t_1}{t_1 + t_2} = \frac{R_1}{R_1 + R_2}$$

用示波器观测，记录输出端及电容两端 U_o 的波形，并实测振荡周期和幅度。

（2）将（1）所设计的电路的 CO 端接入 $0 \sim 5V$ 的直流电压，用示波器测量 U_o 的频率变化范围。

（3）将（1）所设计的电路的 CO 端接入频率为 50Hz、峰-峰值为 5V 的正弦信号，用示波器观察并记录脉宽调制波形。

（4）用一块 555 集成时基电路设计一个占空比可调的振荡器，占空比能在 10% ~90% 之间连续可调。画出电路图，按图接好线，用示波器测出实际占空比的调节范围。

（5）用 555 集成时基电路设计一个节电楼梯灯。要求有人上下楼时，只要按一下开关，就可使楼梯灯（用发光二极管代替）点亮 $1 \sim 2\text{min}$，C 取 $100\mu F$。

（6）用两块 555 集成时基电路设计一个救护车音响电路，参考电路如图 21-2 所示。

（7）若有兴趣，可连接一个八度音程的电子琴电路，参考电路如图 21-3 所示。其各度音对应的频率见表 21-2。

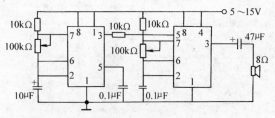

图 21-2 救护车音响电路参考图

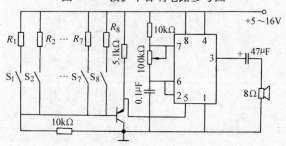

图 21-3 八度音程的电子琴电路参考图

表 21-2 各度音对应的频率

	C	D	E	F	G	A	B	C
	1	2	3	4	5	6	7	$\overset{\cdot}{1}$
f/Hz	216.6	293.7	329.7	349.2	392.0	440.0	493.9	523.3

其中各度音配用的电阻（$R_1 \sim R_8$）需自己设计，并经调试确定，可先用一个电位器代调，调准后，再换成固定电阻。

五、实验结果与数据（表21-3）

表 21-3 实验结果记录表

输出电压 U_o/V	波行情况 （画出波形图）	振荡周期 /s	波形幅度 /V	频率变化范围 /Hz

六、注意事项

查阅 555 时基电路的有关参数及典型应用。

七、思考题

分析讨论实验中遇到的问题和解决的措施。

实验二十二　OTL 功率放大器

一、实验目的

(1) 进一步理解 OTL 功率放大器的工作原理。
(2) 学会 OTL 电路的调试及主要性能指标的测试方法。

二、实验仪器及设备

(1) 双踪示波器	1 台
(2) 信号源	1 台
(3) 直流数字电压表	1 块
(4) 交流毫伏表	1 块
(5) 实验电路板	1 块

三、实验原理

图 22-1 为 OTL 低频功率放大器。其中 VT_1 为推动级（也称前置放大级），VT_2、VT_3 是一对参数对称的 PNP 和 NPN 型晶体管，它们组成互补推挽 OTL 功放电路。由于每个管子都接成射极输出器形式，因此具有输出电阻低、负载能力强等优点，适合于作功率输出级。

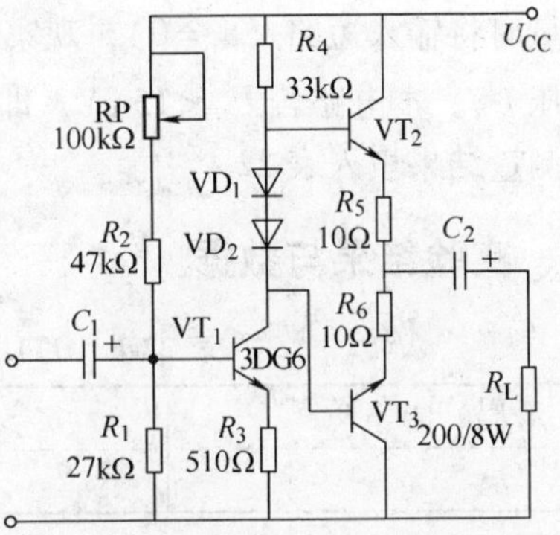

当输入正弦交流信号 u_i 时，经 VT_1 放大、倒相后作用于 VT_2、VT_3 的基极，u_i 的正半周使 VT_2 导通（VT_3 截止），有电流通过负载 R_L 同时向电容 C_2 充电。在 u_i 的负半周，VT_3 导通（VT_2 截止），则已充好电的电容器 C_2 起着电源的作用，通过负载 R_L 放电，这样在 R_L 上就得到完整的正弦波。

图 22-1　OTL 低频功率放大器

OTL 电路的主要性能指标如下：

1. 最大不失真输出功率 P_{om}

理想情况下

$$P_{om} = \frac{1}{8} \frac{U_{CC}^2}{R_L}$$

在实验中可通过测量 R_L 两端的电压有效值，来求得实际的 P_{om}，即

$$P_{om} = \frac{U_{om}^2}{R_L}$$

79

2. 效率 η

$$\eta = \frac{P_{om}}{P_E} \times 100\%$$

式中，P_E 为直流电源供给的平均功率。

理想情况下，$\eta_{max} = 78.5\%$。在实验中，可测量电源供给的平均电流 I_{dc}，从而求得 $P_E = U_{CC}I_{dc}$，负载上的交流功率已用上述方法求出，因而也就可以计算实际效率了。

四、实验步骤

1. 最大输出功率 P_{om} 和效率 η 的测量

（1）测量 P_{om} 输入端接 $f = 1kHz$ 的正弦信号 u_i，输出端用示波器观察输出电压 u_o 波形。逐渐增大 u_i，使输出电压达到最大不失真输出，用交流毫伏表测出负载 R_L 上的电压 U_{om}，则

$$P_{om} = \frac{U_{om}^2}{R_L}$$

（2）测量 η 当输出电压为最大不失真输出时，测出直流电源供给的平均电流 I_{dc}，由此可近似求得 $P_E = U_{CC}I_{dc}$，再根据上面测得的 P_{om}，即可求出

$$\eta = \frac{P_{om}}{P_E} \times 100\%$$

2. 噪声电压的测试

测量时将输入短路（$u_i = 0$），观察输出噪声波形，并用交流毫伏表测量输出电压，即为噪声电压 U_N。本电路若 $U_N < 15mV$，即满足要求。

将测量结果填入表 22-1 中。

五、实验结果与数据

表 22-1 OTL 电路的主要性能指标测量数据

最大输出功率 P_{om}	效率 η	噪声电压 U_N

六、注意事项

在整个测试过程中，电路不应有自激现象。

七、思考题

（1）整理实验数据，计算最大不失真输出功率、效率等，并与理论值进行比较，画出频率响应曲线。

（2）交越失真产生的原因是什么？怎样克服交越失真？

（3）为了不损坏输出管，调试中应注意什么问题？

实验二十三　单相电能表的校验

一、实验目的

（1）了解电能表的工作原理，掌握电能表的接线和使用。

（2）学会测定电能表的技术参数和校验方法。

二、实验仪器及设备

（1）交流电压表、电流表和功率表	各1块
（2）三相调压器（输出可调交流电压）	1台
（3）电能表	1块
（4）10kΩ/3W 电位器、10kΩ/8W 电阻、5.1kΩ/8W 电阻	各1只
（5）秒表	1块
（6）白炽灯	8个

三、实验原理与说明

电能表是一种感应式仪表，是根据交变磁场在金属中产生感应电流，从而产生转矩的基本原理而制作的仪表，主要用于测量交流电路中的电能。

1. 电能表的结构和原理

电能表主要由驱动装置、转动铝盘、制动永久磁铁和指示器等部分组成。

驱动装置和转动铝盘：驱动装置有铁心、电压线圈和电流线圈，在空间上、下排列，中间隔以铝制的圆盘。驱动两个铁心线圈的交流电，建立起合成的交变磁场，交变磁场穿过铝盘，在铝盘上产生感应电流，该电流与磁场的相互作用，产生转动力矩驱使铝盘转动。

制动永久磁铁：铝盘上方装有一个永久磁铁，其作用是对转动的铝盘产生制动力矩，使铝盘转速与负载功率成正比。因此，在某一测量时间内，负载所消耗的电能 W 就与铝盘的转数 n 成正比。

指示器：电能表的指示器不能像其他指示仪表的指针一样停留在某一位置，而应能随着电能的不断增大（也就是随着时间的延续）而连续地转动，这样才能随时反应出电能积累的数值。因此，它是将转动铝盘通过齿轮传动机构折换为被测电能的数值，由一系列齿轮上的数字直接指示出来。

2. 电能表的技术指标

（1）电能表常数　铝盘的转数 n 与负载消耗的电能 W 成正比，即

$$N = \frac{n}{W}$$

比例系数 N 称为电能表常数，常在电能表上标明，其单位是 r/（kW·h）。

（2）电能表灵敏度 在额定电压、额定频率及 $\cos\varphi=1$ 的条件下，负载电流从零开始增大，测出铝盘开始转动的最小电流值 $I_{\min}$，则仪表的灵敏度表示为

$$S = \frac{I_{\min}}{I_N} \times 100\%$$

式中，I_N 为电能表的额定电流。

（3）电能表的潜动 当负载等于零时电能表仍出现缓慢转动的情况，这种现象称为潜动。按照规定，无负载电流的情况下，外加电压为电能表额定电压的110%（达242V）时，观察铝盘的转动是否超过一周，凡超过一周者，判为潜动不合格的电能表。

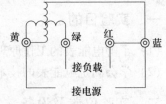

图 23-1 电能表接线图

本实验使用220V、1.5A（6A）的电能表，接线方法如图 23-1 所示，"黄"、"绿" 两端为电流线圈，"黄"、"蓝" 两端为电压线圈。

四、实验步骤

1. 记录被校验电能表的额定数据和技术指标

填入表 23-1 中。

2. 用功率表、秒表法校验电能表常数

按图 23-2 接线，电能表的接线与功率表相同，其电流线圈与负载串联，电压线圈与负载并联。线路经指导教师检查后，接通电源，将调压器的输出电压调到220V，按表 23-2 的要求接通灯组负载，用秒表定时记录电能表铝盘的转数，并记录各表的读数。为了数圈数的准确起见，可将电能表铝盘上的一小段红色标记刚出现（或刚结束）时作为秒表计时的开始。此外，为了能

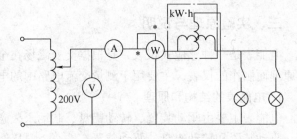

图 23-2 电能表实验电路图

记录整数转数，可先预定好转数，待电能表铝盘刚转完此转数时，作为秒表测定时间的终点，将所有数据记入表 23-2 中。

为了准确和熟悉，可重复多做几次。

3. 检查灵敏度

电能表铝盘刚开始转动的电流往往很小，通常只有 $0.5\% I_N$，故将图 23-2 中的灯组负载拆除，用三个电阻（10kΩ/3W 电位器、5.1kΩ/8W 和 10kΩ/8W 电阻各一个）相串联作为负载，调节 10kΩ/3W 电位器，记下使电能表铝盘刚开始转动的最小电流值 $I_{\min}$，然后通过计算求出电能表的灵敏度。

4. 检查电能表潜动是否合格

切断负载，即断开电能表的电流线圈回路，调节调压器的输出电压为额定电压的110%（即242V），仔细观察电能表的铝盘是否转动，一般允许有缓慢的转动，但应在不超过一转的任一点上停止，这样，电能表的潜动为合格，否则为不合格。

五、实验结果与数据

表 23-1　电能表的额定数据和技术指标

额定电流 I_N/A	额定电压 U_N/V	电能表常数 $N/[r/(kW \cdot h)]$

表 23-2　校验电能表准确度数据

负载情况 （灯泡数）	测　量　值					计　算　值			
	U/V	I/A	P/W	时间/s	转数 n	实测电能 $W/kW \cdot h$	计算电能 $W/kW \cdot h$	$\Delta W/W$	电能表 常数 N
6									
8									

六、注意事项

（1）注意功率表和电能表的接线。

（2）记录时，同组同学要密切配合，秒表定时、读取转数步调要一致，以确保测量的准确性。

七、思考题

（1）电能表有哪些技术指标？如何测定？

（2）对被校电能表的各项技术指标作出评价。

实验二十四　三相异步电动机顺序起、停控制

一、实验目的

（1）掌握三相异步电动机顺序起、停控制的工作原理、接线及操作方法。
（2）学会设计典型的顺序起、停控制电路。

二、实验仪器及设备

（1）三相电源（提供三相四线制 380V、220V 电压）
（2）三相异步电动机　　　　　2 台
（3）交流接触器　　　　　　　1 个
（4）热继电器　　　　　　　　1 个
（5）按钮　　　　　　　　　　3 个
（6）限位开关　　　　　　　　2 个

三、实验原理与说明

在生产中，往往需要多台电动机配合工作，根据工艺流程要求，它们的起动和停车必须按照事先规定的顺序进行。如某些大型机床，要求主轴一定要在有冷却液的情况下才能工作，因此，必须先起动冷却液电动机为主轴提供冷却液，然后才能起动主轴电动机；同样道理，停车时必须先停主轴电动机，然后才能停冷却液电动机。

顺序起动控制电路如图 24-1 所示。图中，接触器 KM_1 控制冷却液电动机 M_1，接触器 KM_2 控制主轴电动机 M_2，冷却液电动机的控制电路部分是一个典型的起动、停车控制电路，而主轴电动机的控制电路中串入了接触器 KM_1 的辅助动合触头，所以，只有接触器 KM_1 动作，冷却液电动机起动，KM_1 的辅助动合触头闭合，控制主轴电动机 M_2 的接触器 KM_2 才可能动作。这种控制作用称为"联锁"，KM_1 的辅助动合触头称为联锁触头。

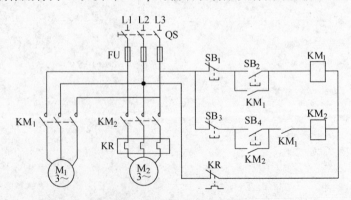

图 24-1　三相异步电动机顺序起动控制电路原理图

顺序停车控制是在上述控制电路中再增加一个联锁环节，用接触器 KM_2 的辅助动合触头与冷却液电动机的停车按钮 SB_1 并联，这样，只有主轴电动机 M_2 停车后，与 SB_1 并联的 KM_2 辅助动合触头断开，然后才能用停车按钮 SB_1 使冷却液电动机停车，从而实现必须先停主轴电动机，然后才能停冷却液电动机的顺序停车控制。

四、实验步骤

1. 三相异步电动机的顺序起动控制

按图 24-1 接线，其中，三相电源线电压为 220V，电动机均采用丫联结。合上电源，根据顺序起动要求，操作起动按钮，观察电动机和交流接触器的动作情况；如不按顺序起动要求操作，观察电动机和交流接触器的动作情况。

用下列两种方法停车：一是按停车按钮 SB_1；二是先按停车按钮 SB_2，再按停车按钮 SB_1。观察电动机停车情况。

2. 三相异步电动机的顺序停车控制

根据原理说明，在上述顺序起动控制电路中，将接触器 KM_2 的辅助动合触头与冷却液电动机的停车按钮 SB_1 并联。按顺序起动两个电动机后，操作停车按钮，观察电动机停车情况。

五、注意事项

（1）每次接线、拆线或长时间讨论问题时，必须断开三相电源，以免发生触电事故。

（2）三相电源线电压调整到 220V。

（3）为减小电动机的起动电流，电动机一律丫联结。

（4）接线路时使用的导线较多，要注意哪个是电动机 M_1？哪个是电动机 M_2？

（5）正常操作时，如电动机不转动，应立即断开电源，请指导教师检查。

六、思考题

（1）分析电动机顺序起动和顺序停车的工作原理。

（2）在图 24-1 所示控制电路中，误将接触器 KM_1 的辅助动断触头作为联锁触头串入接触器 KM_2 的控制电路中，会出现什么问题？

（3）分析图 24-1 所示控制电路有几种停车方法？

（4）顺序停车控制电路中，误将接触器 KM_2 的辅助动断触头作为联锁触头与停车按钮 SB_1 并联，会出现什么问题？

（5）在图 24-1 所示控制电路中，接触器 KM_1 和 KM_2 的线圈能否串联在一起接在电路中？为什么？

七、实验报告要求

（1）根据实验现象，分析电动机顺序起动、顺序停车的控制原理，说明联锁触头的作用。

（2）设计一个三台电动机顺序起动、顺序停车的控制电路（要求先起动，后停车）。

（3）回答思考题（2）、（3）、（4）。

实验二十五　三相异步电动机时间控制

一、实验目的

（1）了解时间继电器的工作原理，掌握它的使用方法。

（2）学会典型时间控制电路的连接和操作。

（3）了解设计一般的时间控制电路原理和方法。

二、实验仪器及设备

（1）三相电源（三相四线制 380V、220V 电压）

（2）三相异步电动机　　　　2台

（3）交流接触器　　　　　　1个

（4）时间继电器　　　　　　1个

（5）按钮　　　　　　　　　2个

三、实验原理与说明

生产中，很多加工和控制过程是以时间为依据进行控制的，例如：工件加热时间控制，电动机按时间先后顺序起动、停车控制，电动机 $\curlyvee - \triangle$ 起动控制等，这类控制都是利用时间继电器来实现的。

时间继电器是一种延时动作的继电器，它从接收信号（如线圈带电）到执行动作（如触点断开或闭合）具有一定的时间间隔，此时间间隔可按需要预先整定，以协调和控制生产机械的各种动作。时间继电器的种类通常有电磁式、电动式、空气式和电子式等。时间继电器的触点系统有延时动作触点和瞬时动作触点，其中又分为动合触点和动断触点。延时动作触点又分为带电延时型和断电延时型。

电动机起动后控制运行时间的电路如图 25-1 所示，按起动按钮 SB_2，接触器 KM 带电并自锁，电动机起动运行。与此同时，时间继电器 KT 带电，并开始计时，当达到预先整定的

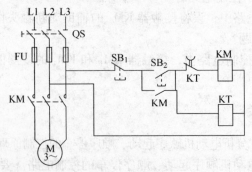

图 25-1　三相异步电动机时间控制原理图

时间，它的延时动断触点 KT 断开，切断接触器控制电路，电动机停车。同样，用时间继电器的延时动合触点，可以接通接触器控制电路，实现时间控制，如图 25-2 所示。

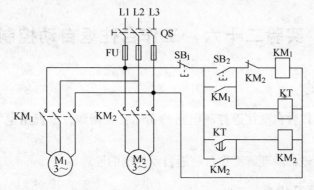

图 25-2 三相异步电动机顺序起动、停车时间控制电路

四、实验步骤

1. 电动机运行时间控制电路

按图 25-1 接线，时间继电器延时时间整定为 5s，检查接线正确后合上主电源，起动电动机，观察交流接触器、时间继电器和电动机的动作情况。改变时间继电器的延时时间为 10s，重复上述操作，体会延时触点的作用。

2. 两个电动机按时间先后顺序起动、停车控制电路

按图 25-2 接线，时间继电器延时时间整定为 5s，检查接线正确后合上主电源，按起动按钮 SB$_2$，电动机 M$_1$ 起动，观察交流接触器、时间继电器和电动机的动作情况。改变时间继电器的延时时间为 10s，重复上述操作。本实验电动机 M$_2$ 可用白炽灯代替。

五、注意事项

（1）每次接线、拆线或长时间讨论问题时，必须断开三相电源，以免发生触电事故。

（2）三相电源线电压调整到 220V。

（3）为减小电动机的起动电流，电动机丫联结。

（4）连接线路时使用的导线较多，要注意哪个是接触器 KM$_1$？哪个是接触器 KM$_2$？

（5）正常操作时，如电动机不转动，应立即断开电源，请指导教师检查。

六、思考题

（1）掌握时间继电器的工作原理和图形符号。

（2）了解时间控制的基本原理和方法。

（3）分析图 25-1 和图 25-2 所示电路的工作原理，两个电路中的时间继电器 KT 触点能否互换？在图 25-2 所示电路中，如取消 KM$_2$ 的辅助常开触头，会出现什么问题？

（4）根据实验内容和观察到的现象，总结用时间继电器实现时间控制的方法和应用范围。

（5）设计一个三台电动机按时间顺序起动、同时停车的控制电路。

实验二十六　工作台往返自动控制

一、实验目的

（1）通过对工作台自动往返控制电路的实际安装接线，掌握由电气原理图变换成安装接线图的能力。

（2）通过实验进一步理解工作台往返自动控制的原理。

二、实验仪器及设备

（1）三相电源（三相四线制 380V、220V 电压）

（2）三相异步电动机　　　　1 台

（3）交流接触器　　　　　　2 个

（4）热继电器　　　　　　　1 个

（5）按钮　　　　　　　　　3 个

（6）限位开关　　　　　　　2 个

三、实验原理与说明

图 26-1 为工作台自动往返控制电路。当工作台的挡块停在限位开关 SQ_1 和 SQ_2 之间的任意位置时，可以按下任一起动按钮 SB_1 或 SB_2 使工作台向任一方向运动。如按下正转按钮

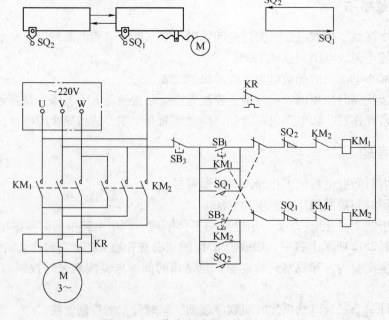

图 26-1　工作台自动往返控制电路

SB₁，电动机正转带动工作台左进。当工作台到达终点时挡块压下终点限位开关 SQ₂，SQ₂ 的常闭触头断开正转控制电路，电动机停止正转，同时 SQ₂ 的常开触头闭合，使反转接触器 KM₂ 得电动作，工作台右退。当工作台退回原位时，挡块又压下 SQ₁，其常闭触头断开反转控制电路，常开触头闭合，使接触器 KM₁ 得电，电动机带动工作台左进，实现了自动往返运动。

四、实验步骤

异步电动机△联结，实验线路电源端接三相自耦调压器输出端（U、V、W），供电线电压为220V。按图26-1接线，经指导教师检查后，方可进行通电操作。

（1）开起控制屏电源总开关，按起动按钮，调节调压器输出，使输出线电压为220V。

（2）按下 SB₁，使电动机正转，运转约半分钟。

（3）用手按 SQ₂（模拟工作台左进到达终点，挡块压下限位开关），观察电动机应停止正向运转，并变为反向运转。

（4）反转约半分钟，用手按 SQ₁（模拟工作台后退到达原位，挡块压下限位开关），观察电动机应停止反转并变为正转。

（5）重复上述步骤，应能正常工作。

附　录

附录 A　常用电路元件简介

一、电阻、电容的型号命名方法

1. 产品型号的组成

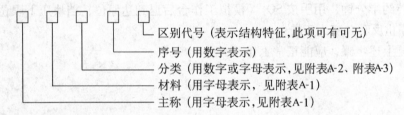

区别代号（表示结构特征,此项可有可无）
序号（用数字表示）
分类（用数字或字母表示,见附表A-2、附表A-3）
材料（用字母表示,见附表A-1）
主称（用字母表示,见附表A-1）

2. 产品型号的组成部分的符号及意义

二、电阻器

在电路中，电阻器是最常见的电路元件，它的种类很多。以结构形式分，有固定电阻、可调电阻和电位器，其图形符号分别如附图 A-1 所示。为了区别不同种类的电阻器，通常用字母和数字符号表示电阻的类别（见附表 A-1、附表A-2、附表A-3）。

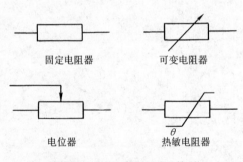

固定电阻器　　可变电阻器

电位器　　热敏电阻器

附图 A-1　电阻器的图形符号

附表 A-1　"主称"、"材料" 部分的符号及意义

主称部分	材 料 部 分				
R—电阻器 RP—电位器	T—碳膜 Y—氧化膜	H—合成膜 C—沉积膜	S—有机实心 I—玻璃釉膜	N—无机实心 X—线绕	J—金属膜
C—电容器	C—高频磁	T—低频磁	I—玻璃釉	O—玻璃膜 B—聚苯乙烯等非极性有机薄膜	Y—云母
	V—云母纸 Q—漆膜	Z—纸介 H—复合介质	J—金属化纸		L—涤纶 等极性有机薄膜
	D—铝电介	A—钽电介	N—铌电介	G—合金电介	E—其他材料电介

90

类别\数字 产品名称	1	2	3	4	5	6	7	8	9
电阻器	普通	普通	超高频	高阻	高温		精密	高压	特殊
瓷介质电容器	圆片	管形	叠片	独石	穿心	支柱		高压	
云母电容器	非密封	非密封	密封	密封				高压	
有机电容器	非密封	非密封	密封	密封	穿心			高压	特殊
电介电容器	箔式	箔式	烧结粉液体	烧结粉固体			无极性		特殊
电位器	普通	普通					精密	特种函数	特殊

附表 A-3 "分类"部分的字母表示

类别\字母 产品名称	G	T	W	D
电阻器	高功率	可调	—	—
电容器	高功率	—	微调	—
电位器	—	—	微调	多圈

1. 固定电阻器

（1）固定电阻器的分类　按制作材料的不同可分为三大类：合金类、薄膜类、合成类。按用途可分为六种类型：通用型、精密型、高阻型、高频型、高压型、半导体电阻。

（2）固定电阻器的技术指标

1）标称系列值。在大多数电阻器上都标有阻值，这就是电阻器的标称阻值。通用型电阻的阻值系列见附表 A-4。选用电阻时，应在标称值系列中选择，电阻的标称值为表中数值乘以 10^n（n 为正、负整数）。

附表 A-4 电阻器阻值标称系列值

阻值 /Ω	固定 电阻器	允许 偏差	±5%	1.0　1.1　1.2　1.3　1.5　1.6　1.8　2.0　2.2　2.4　2.7　3.0 3.3　3.6　3.9　4.3　4.7　5.1　5.6　6.2　6.8　7.5　8.2　9.1
			±10%	1.0　1.2　1.5　1.8　2.2　2.7　3.3 3.9　4.7　5.6　6.8　8.2
			+20%	1.0　1.5　2.2　3.3　4.7　6.8
	电位器		±5%　±10%	1.0　1.2　1.5　1.8　2.2　2.7　3.3　3.9　4.7　5.6　6.8　8.2
			±1%　±20%	1.0　1.5　2.2　3.3　4.7　6.8

2）额定功率。电阻器的额定功率也有标称值（见附表 A-5），选用电阻时，其标称功率应是实际电路功率的 1.5 ~ 2.0 倍。

附表 A-5 电阻器额定功率标称系列值

额定 功率 /W	线绕	固定电阻器	0.05　0.125　0.25　0.5　1　2　4　8　10　16　25　40　50 75　100　150　250　500
		电位器	0.25　0.5　1.0　1.6　2　5　10　16　25　40　63　100
	非线绕	固定电阻器	0.05　0.125　0.25　0.5　1　2　5　10　25　50　100
		电位器	0.025　0.05　0.1　0.25　0.5　1　2　3

3）精度（允许）误差。电阻器的实际值与标称值往往不完全符合，它们之间的相对误差值称为电阻的精度误差。电阻精度的允许误差表示方法见附表 A-6。

附表 A-6　电阻允许误差档次的符号表示法

百分数	±0.001	±0.001	±0.002	±0.005	±0.01	±0.02	±0.05
符号	E	X	Y	H	U	W	B
百分数	±0.2	±0.5	±1	±2	±5	±10	±20
符号	C	D	F	G	J（Ⅰ）	K（Ⅱ）	M（Ⅲ）

（3）电阻器的标志方法

1）文字符号直标法。电阻的类别：见附表 A-1、附表 A-2、附表 A-3。标称阻值：阻值单位为 Ω、kΩ、MΩ（通常"Ω"不标出）。精度误差：普通电阻误差等级分别用Ⅰ、Ⅱ、Ⅲ表示 ±5%、±10%、±20%，精密电阻的误差等级的符号表示方法见附表 A-6。

2）色环标志法。色环标志电阻可分为四环、五环标志方法。其中五环色标法常用于精密电阻，靠近电阻的腿端为第一色环，依次为第二、三色环，不同的环次和不同的颜色表示不同的含义。色环颜色所代表的数值和含义如附图 A-2 和附表 A-7 所示。

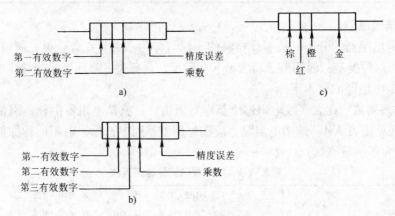

附图 A-2　电阻的色环标志方法

a）四环标志方法　b）五环标志方法　c）1.2kΩ±5% 电阻的色环

附表 A-7　色标法中颜色代表的数值及意义

数值 位置	银	金	黑	棕	红	橙	黄	绿	蓝	紫	灰	白	无
有效数字	—	—	0	1	2	3	4	5	6	7	8	9	—
乘数	10^{-2}	10^{-1}	10^0	10^1	10^2	10^3	10^4	10^5	10^6	10^7	10^8	10^9	—
允许误差百分数（%）	±10	±5		±1	±2			±0.5	±0.2	±0.1		±50	±20

2. 电位器

（1）电位器的种类　电位器的种类繁多，用途各异。常见电位器的结构如附图 A-3 所示。

（2）电位器的标称值　见附表 A-4、附表 A-5。

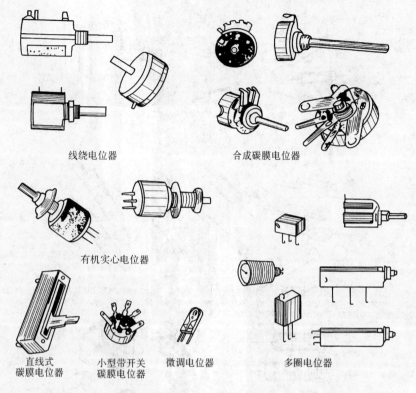

线绕电位器　　　　合成碳膜电位器

有机实心电位器

直线式　　　小型带开关　　微调电位器　　多圈电位器
碳膜电位器　碳膜电位器

附图 A-3　常见电位器的外形结构图

三、电容器

电容器的种类很多，按结构形式来分，有固定电容器、微调电容器、可变电容器，相应的图形符号如附图 A-4 所示。

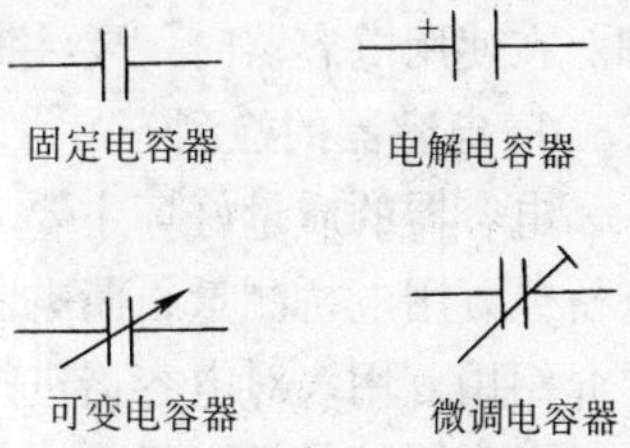

1. 电容器的分类

按结构和介质材料的不同，电容器可分为：

（1）固定式　有机介质（纸介、有机薄膜）、无机介质（云母、瓷介、玻璃）、电解（铝、钽、铌）。

（2）可变式

可变：空气、云母、薄膜。

半可变：瓷介、云母。

固定电容器　　　电解电容器

可变电容器　　　微调电容器

附图 A-4　电容器的图形符号

2. 常见电容器的外形结构

常见电容器的外形结构如附图 A-5 所示。

3. 电容器的标志方法

（1）文字符号直标法　标称容量单位为 pF、nF、μF、F。

（2）代码标志法　对于体积较小的电容器常用三位数字来表示其标称容量值，前两位是标称容量的有效数字，第三位是乘数，表示乘以 10 的几次方，容量单位是 pF。

例如："222"表示 2200pF；"103"表示 10^4pF。

（3）极性　许多类型的电容器是有极性的，诸如电解电容、油浸电容、钽电容等，一般极性符号（"＋"或"－"）都直接标在相应端脚位置上，有时也用箭头来指明相应端

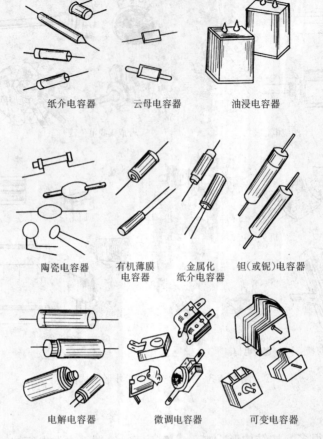

纸介电容器　　　云母电容器　　　油浸电容器

陶瓷电容器　　有机薄膜　　金属化　　钽(或铌)电容器
　　　　　　　电容器　纸介电容器

电解电容器　　　微调电容器　　　可变电容器

附图 A-5　常用电容器的外形结构

脚。在使用电容器时，要注意不能将极性接反，否则电容器的各种性能都会有所降低。

4. 电容器的检测

　　电容器的质量好坏主要表现在电容量和漏电阻。电容量可用电阻电容测量仪、交流阻抗电桥或万用电桥测量；漏电阻也可用绝缘电阻测定仪、绝缘电阻表等专用仪器测定。现在主要介绍用万用表对电容器进行定性质量检测的方法。

　　电容器的异常主要表现为失效、短路、断路、漏电等几种，下面具体介绍几种检测方法。

　　（1）漏电电阻的检测

　　1）固定电容器（非电解电容器）漏电电阻的检测。根据电容器的充放电原理，可用万用表 $R \times 1k$ 或 $R \times 10k$ 挡（视电容器的容量而定）测量。测量时，将两表笔分别接触电容器（容量大于 $0.01\mu F$）的两引线，如附图 A-6 所示。此时，表针会迅速地按顺时针方向跳动或偏转，然后再按逆时针方向逐渐退回"∞"处。如果回不到"∞"，则表针稳定后所指的读数就是该电容器的漏电电阻值。电容器的漏电电阻一般很大，约几百到几千兆欧。漏电电阻越大，则电容器的绝缘性能越好。若阻值比上述数据小得多，则说明电容器严

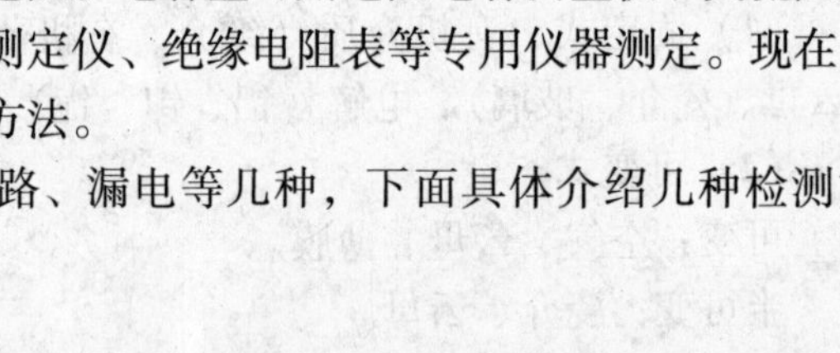

附图 A-6　电容器漏电电阻的检测

94

重漏电，不能使用；若表针稳定后靠近"0"处，说明电容器内部短路；若表针毫无反应，始终停在"∞"处，说明电容器内部开路。

2）电解电容器漏电电阻的检测。用万用表 $R \times 100$ 或 $R \times 1k$ 挡检测电解电容器的漏电电阻时，正常情况下，其阻值应大于几百千欧。

当检测大容量的电解电容器（容量为几百至几千微法）时，由于万用表内电池通过欧姆挡内阻向电容器充电的时间较长，表针顺时针方向偏转幅度很大，甚至会冲过"0"而不动，而且需要经过几十秒到几分钟，才能缓慢回到稳定的漏电电阻值处，所以为加快检测速度，尽快读取漏电电阻值，可采用如下快速检测法：当表针顺时针偏转到最大值时，迅速将切换开关从 $R \times 1k$ 挡拨到 $R \times 10$ 挡。由于 $R \times 10$ 挡的内阻值较小，因而向电容器充电的电流较大。当电容器充电结束后，表针便会很快回到"∞"处，然后再将切换开关拨回 $R \times 1k$ 挡，表针会按顺时针方向偏转至一个稳定的指示值，该值即为电解电容器的漏电电阻。

（2）电解电容器正、负极的判别　电解电容器可用下述方法判别其正、负极。

1）外观判别。如 CD11 型电解电容器，可根据其引线的长短来加以区别，长引线为正极，短引线为负极。对于铝壳电解电容器（CDX 型），中心引出端为正极，与铝壳连通处为负极。

2）用万用表判别。电解电容器具有正向漏电电阻大于反向漏电电阻的特点。利用此特点可以判别电解电容器正、负极。具体方法是：将万用表拨至 $R \times 1k$ 或 $R \times 10k$ 挡，交换黑、红表笔测量电解电容器两次，观察其漏电电阻的大小，并以漏电电阻大的一次为准，黑表笔所接的就是电解电容器正极，红表笔所接的为负极。

测试时应注意，测试前应将电解电容器两引线先短接一下放电，以避免电容器储存的电能对万用表放电，而毁坏仪表。测量容量较大的电解电容器时，在第 2 次测量时也应先短接两引线进行放电，以便释放上次测量中累积的充电电荷。如仍有轻微的指针打表现象，属于正常现象，若两次测量得到的正、反向漏电电阻相差无几，则说明电解电容器正向漏电严重，已不能使用。

附录 B　半导体分立器件性能简介和管脚判别方法

一、国产半导体分立器件型号命名方法（附表 B-1）

附表 B-1　国产半导体分立器件型号命名方法

第一部分	第 二 部 分		第 三 部 分				第四部分	第五部分
数字，表示器件的电极数目	字母，表示器件材料和极性		字母，表示器件类别				数字，表示器件序号	字母，表示规格
符号	符号	意　义	符号	意　义	符号	意　义		
2　二极管	A	N 型或 PNP 型，锗材料	P	普通管	D	低频大功率管		同序号器件按性能分档
	B	P 型或 NPN 型，锗材料	V	微波管	A	高频大功率管		
3　三极管	C	N 型或 PNP 型，硅材料	W	稳压管	T	半导体晶闸管		
	D	P 型或 NPN 型，硅材料	C	参量管	Y	体效应器件		
	E	化合物材料	Z	整流器	B	雪崩管		
			L	整流堆	J	阶跃恢复管		
			S	隧道管	CS	场效应器件		
			N	阻尼管	BT	半导体特殊器件		
			U	光电器件	FH	复合管		
			K	开关管	PIN	PIN 型管		
			X	低频小功率管	JG	激光器件		
			G	高频小功率管				

二、晶体二极管

晶体二极管又称半导体二极管。

1. 晶体二极管的分类

按材料分为：硅管（正向导通压降约为 0.7V）、锗管（正向导通压降约为 0.2V）。

按结构分为：点接触型、面接触型。

按用途分为：检波管、整流管、稳压管、开关管、光敏管、发光管。

2. 晶体二极管的简易测试及管脚判别

（1）用指针式万用表的 Ω 挡测量　万用表（$R \times 1k$ 挡）的黑（－端或 $*$ 端）表笔接二极管的一极，红（＋端）表笔接另一极，然后将表笔对调再测一次。在测得阻值小的情况下，可判断黑表笔（表内电池的正极）所接的是二极管的阳极，红表笔所接的是阴极（见附图 B-1）。

一般要求正向电阻越小越好，反向电阻越大越好。若正、反向电阻都很小，说明二极管已失去单向导电作用；若正、反向电阻都很大，说明二极管已断路，无法再用。

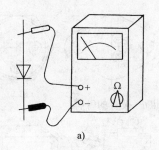
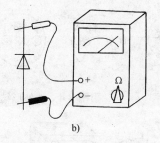

a)   b)

附图 B-1   用指针式万用表测量二极管

a) 二极管反向电阻的测量   b) 二极管正向电阻的测量

（2）用数字万用表的"➤⊦"挡测量   将万用表的红表笔接二极管的一极，黑表笔接另一极。在测得正向压降值小的情况下，红表笔（表内电池的正极）所接的是阳极，黑表笔所接是阴极。一般所显示的二极管正向压降：硅二极管为 0.55~0.70V，锗二极管为 0.15~0.30V。若显示"0000"，说明管子已短路；若显示"过载"，说明二极管内部开路或处于反向状态（可对调表笔再测）。

三、发光二极管（LED）

发光二极管的伏安特性与普通二极管类似，但它的正向压降和正向电阻要大一些，同时在正向电流达到一定值时能发出某种颜色的光。发光二极管发光颜色与在 PN 结中所掺加的材料有关，其发光亮度与所通正向电流大小有关。

使用发光二极管时请注意：若用直流电源电压驱动时，在电路中要串联限流电阻，以防通过 LED 的电流过大而烧毁管子；若用交流信号驱动时，可在两端反极性并联整流二极管，以防止 LED 被反向击穿；若用逻辑芯片输出的 TTL 电平驱动，则可直接连接。发光二极管

新   旧

a)   b)

附图 B-2   发光二极管的图形符号及外形

a) 图形符号   b) 外形

在电路中的图形符号和外形如附图 B-2 所示。管脚及其好坏的判别与普通二极管相同。

四、晶体管（三极管）

1. 晶体管的外形结构

如附图 B-3 所示。

2. 从外形结构判断晶体管的管脚

如附图 B-4 所示。

3. 简易测试方法及管脚判别

用指针式万用表的 Ω 挡进行测量：

（1）估测穿透电流 I_{CEO} 用万用表的 $R \times 100$ 挡。如果测 PNP 型管，按附图 B-5 所示的电路连接；如果测 NPN 型管，红、黑表笔对调。一般测得阻值在几十至几百千欧以上较为正常；若阻值较小，表明 I_{CEO} 大，稳定性差；若阻值接近零

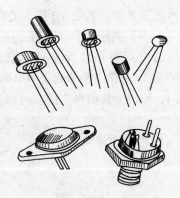

附图 B-3   三极管的外形结构

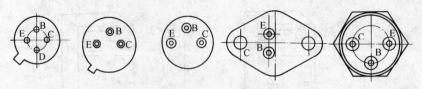

附图 B-4　从外形结构判断三极管的管脚

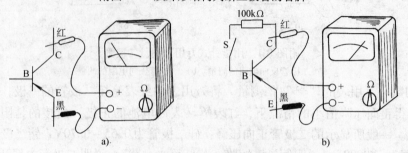

a)　　　　　　　　　　　　　　　　b)

附图 B-5　用指针式万用表测晶体管参数

a）测穿透电流 I_{CEO}　b）β 值测量

值，表明晶体管已经击穿；若阻值无穷大，表明晶体管内部断路。

（2）估测电流放大系数 β　用万用表的 $R \times 1\text{k}$（或 $R \times 100$）挡。如果测 PNP 型管，按附图 B-5 所示的电路连接；如果测 NPN 型管，红、黑笔对调。对比开关 S 在接通和断开时测得的电阻值，两个读数相差越大，表明晶体管的 β 值越高。附图 B-5b 中的 $100\text{k}\Omega$ 的电阻和开关 S，可以用潮湿的手指捏住集电极和基极代替。注意不要让集电极和基极碰在一起，以免损坏晶体管。

（3）判别晶体管管脚　判断 PNP 型和 NPN 型晶体管：用万用表的 $R \times 1\text{k}$（或 $R \times 100$）挡，用黑表笔接晶体管的某一个管脚，用红表笔分别接其他两脚。如果表针指示的两个阻值都很大，那么黑表笔所接的那一个管脚是 PNP 型的基极；如果表针指示的两个阻值都很小，那么黑表笔所接的那一个管脚是 NPN 型的基极；如果表针指示的阻值一个很大，一个很小，那么黑表笔所接的那一个管脚不是基极，这就要另换一个管脚来试。以上方法，不但可以判断基极，而且可以判断是 PNP 型还是 NPN 型晶体管。

判断基极后就可以进一步判断集电极和发射极。先假定一个管脚是集电极，另一个管脚是发射极，按照附图 B-5 所示的方法估测 β 值；然后反过来，把原先假定的管脚对调一下，再估测 β 值。其中，β 值大的那次的假定是对的。这样就把集电极和发射极也判断出来了。

（4）判断硅管和锗管　用万用表 $R \times 1\text{k}$ 挡，测量晶体管两个 PN 结的正向和反向电阻，就可以判断是硅管或是锗管。硅管 PN 结的正向电阻大约为 $3 \sim 10\text{k}\Omega$，反向电阻大于 $500\text{k}\Omega$；锗管 PN 结的正向电阻大约为 $500 \sim 2000\Omega$，反向电阻大于 $100\text{k}\Omega$。使用的万用表不同，测得的数值也不同。可以测量一下已知的硅管，用来作为比较的标准。

附录 C　常用集成电路简介

一、半导体集成电路型号命名法（国家标准 GB3430—1989）

半导体集成电路的型号由五部分组成，各部分的符号及意义见附表 C-1。

附表 C-1　半导体集成电路型号命名方法

第 0 部分		第 1 部分		第 2 部分	第 3 部分		第 4 部分	
用字母表示器件符合国家标准		用字母表示器件的类型		用阿拉伯数字表示器件的系列和品种代号	用字母表示器件的工作温度范围		用字母表示器件的封装	
符号	意义	符号	意义		符号	意义	符号	意义
C	符合国家标准	T	TTL		C	$0 \sim 70^{\circ}C$	W	陶瓷扁平
		H	HTL		E	$-40 \sim 85^{\circ}C$	B	塑料扁平
		E	ECL		R	$-55 \sim 85^{\circ}C$	F	全密封扁平
		C	CMOS		M	$-55 \sim 125^{\circ}C$	D	陶瓷直插
		F	线性放大器		⋮	⋮	P	塑料直插
		D	音响、电视电路				J	黑陶瓷直插
		W	稳压管				K	金属菱形
		J	接口电路				T	金属圆形
		B	非线性电路				⋮	⋮
		M	存储器					
		⋮						

二、线性集成运算放大器

1. 通用型集成单运放 LM741

LM741 的引脚图如附图 C-1a 所示，特点是电压适应范围较宽，可在 $\pm 5 \sim \pm 18V$ 范围内选用；具有很高的输入共模、差模电压，电压范围分别为 $\pm 15V$ 和 $\pm 30V$；内含频率补偿和过载、短路保护电路；可通过外接电位器进行调零，如附图 C-1b 所示。

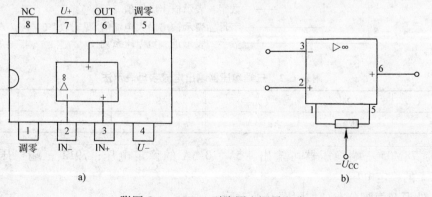

附图 C-1　LM741 引脚图和调零电路

a）引脚　b）外接电位器调零

2. 通用型低功耗集成四运放 LM324

LM324 内含 4 个独立的高增益、频率补偿的运算放大器，既可单电源使用（3～30V），也可双电源使用（±1.5～±15V），驱动功耗低，可与 TTL 逻辑电路相容。其引脚图如附图 C-2 所示。

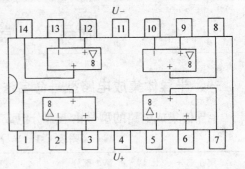

附图 C-2　LM324 引脚图

三、集成三端稳压器

（1）集成三端稳压器根据稳定电压的正、负极性分为 78×××、79××× 两大系列。附图 C-3 为正、负稳压的典型电路。

（2）三端稳压器的型号规格和引脚分布

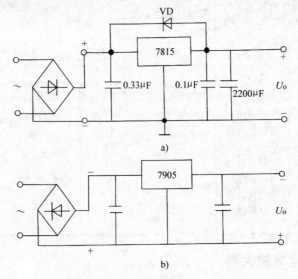

a)

b)

附图 C-3　正、负稳压的典型电路

a）正稳压　b）负稳压

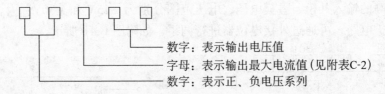

数字：表示输出电压值

字母：表示输出最大电流值（见附表C-2）

数字：表示正、负电压系列

附表 C-2　三端稳压器输出电流字母表示法

L	M	（无字）	S	H	P
0.1A	0.5A	1A	2A	5A	10A

例如：78M05 三端稳压器可输出 +5V、0.5A 的稳定电压；7912 三端稳压器可输出 -12V、1A 的稳定电压。

（3）外形及引脚分布　如附图 C-4 所示。

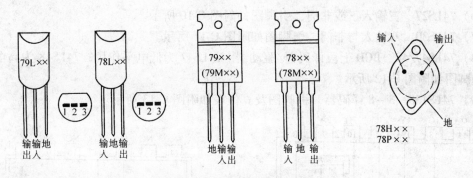

附图 C-4　三端稳压器的引脚图

四、TTL 系列集成电路组件

TTL 器件的典型产品分为 54 族（军用品）和 74 族（民用品）两大类。下面给出部分常用器件引脚排列和功能说明。

（1）74LS00　双输入四与非门，引脚图如附图 C-5 所示。

（2）74LS02　双输入四或非门，引脚图如附图 C-6 所示。

（3）74LS04　六反相器，引脚图如附图 C-7 所示。

（4）74LS08　双输入四与门，引脚图如附图 C-8 所示。

（5）74LS20　四输入双与非门，引脚图如附图 C-9 所示。

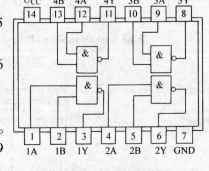

附图 C-5　74LS00 引脚图

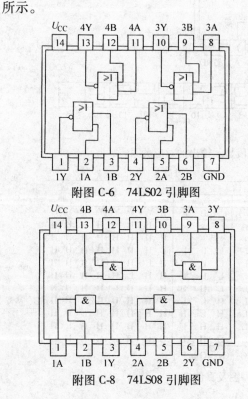

附图 C-6　74LS02 引脚图

附图 C-7　74LS04 引脚图

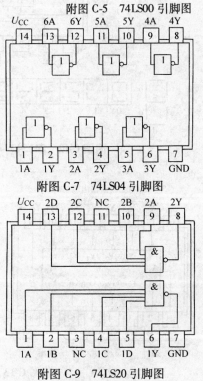

附图 C-8　74LS08 引脚图

附图 C-9　74LS20 引脚图

101

（6）74LS27　三输入三或非门，引脚图如附图 C-10 所示。

（7）74LS30　八输入与非门，引脚图如附图 C-11 所示。

（8）74LS47/48　BCD 七段译码器/驱动器。74LS47 为低电平作用；74LS48 为高电平作用。引脚图如附图 C-12 所示。

（9）74LS138　3 – 8 译码器。引脚图及真值表如附图 C-13 所示。

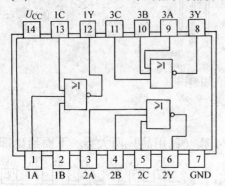

附图 C-10　74LS27 引脚图

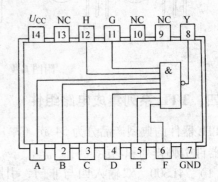

附图 C-11　74LS30 引脚图

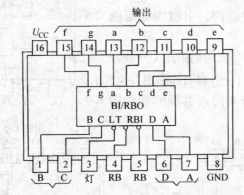

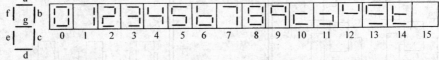

附图 C-12　74LS47/48 引脚图与七段显示输出的对应关系

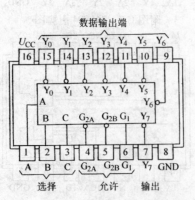

真值表

输入端				输出端							
允许		选择									
G_1	$G_2$①	C	B	A	Y_1	Y_2	Y_0	Y_3	Y_4	Y_5	Y_6 Y_7
×	H	×	×	×	H H H H H H H H
L	×	×	×	×	H H H H H H H H
H	L	L	L	L	L H H H H H H H
H	L	L	L	H	H L H H H H H H
H	L	L	H	L	H H L H H H H H
H	L	L	H	H	H H H L H H H H
H	L	H	L	L	H H H H L H H H
H	L	H	L	H	H H H H H L H H
H	L	H	H	L	H H H H H H L H
H	L	H	H	H	H H H H H H H L

① $G_2 = G_{2A} + G_{2B}$

附图 C-13　74LS138 引脚图及真值表

102

五、CMOS 系列数字集成电路组件

CC4051 是 8 选 1 模拟开关。它是一个带有禁止端（INH）和 3 位译码端（A、B、C）控制的 8 路模拟开关电路；各模拟开关均为双向，既可实现 8 线→1 线传输信号，也可实现 1 线→8 线传输信号。其引脚图及真值表如附图 C-14 所示。

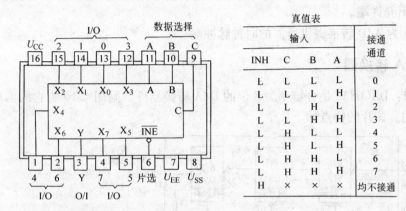

真值表				
输入				接通通道
INH	C	B	A	
L	L	L	L	0
L	L	L	H	1
L	L	H	L	2
L	L	H	H	3
L	H	L	L	4
L	H	L	H	5
L	H	H	L	6
L	H	H	H	7
H	×	×	×	均不接通

附图 C-14　CC4051 逻辑功能引脚图及真值表

六、A/D 转换器

ADC0809：ADC0809 是分辨率为 8 位的、以逐次逼近原理进行模-数转换的器件。其内部有一个 8 通道多路开关，它可以根据地址码锁存译码后的信号，只选通 8 个单断模拟输入信号中的一个进行 A/D 转换。其内部电路框图及引脚图如附图 C-15 所示。

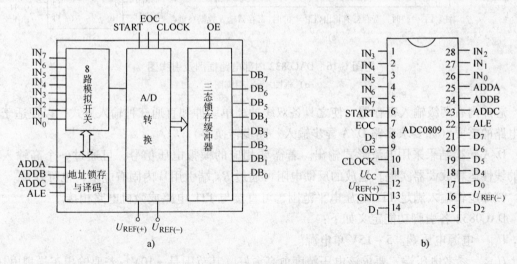

附图 C-15　ADC0809 内部原理图及引脚图

a）框图　b）引脚图

ADC0809 各引脚功能定义如下：

U_{CC}　电源电压端，+5V。

$U_{REF(+)}$、$U_{REF(-)}$　内部电阻网络的参考电压端。

$IN_7 \sim IN_0$、$DB_7 \sim DB_0$　分别为 8 路模拟量输入和 8 位数字量输出端。

ADDA、ADDB、ADDC　3 位 8 选 1 译码选通地址输入信号端。

ALE　选通地址锁存允许端。此信号有效时，即可把选通地址锁存到地址锁存器中。

START　A/D 转换的起动信号端。

EOC　转换过程信号端。只有在转换过程，该端才为低电平。

OE　输出允许端。

CLOCK　为 A/D 转换提供所需的时钟脉冲端。

七、D/A 转换器

DAC0832：DAC0832 是分辨率为 8 位的 D/A 转换器件。附图 C-16 为它的内部电路框图和外部引脚图。该片的特点如下：

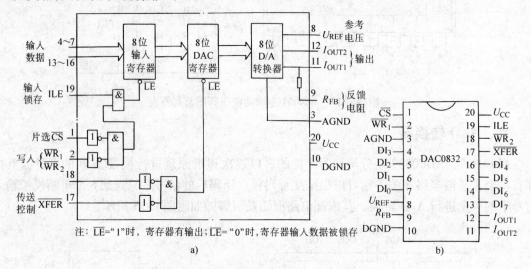

注：$\overline{LE}$="1"时，寄存器有输出；$\overline{LE}$="0"时，寄存器输入数据被锁存

a)　　　　　　　　　　　　　　　b)

附图 C-16　DAC0832 内部电路框图及引脚图
a）框图　b）引脚图

芯片内有两级输入寄存器，使之具备双缓冲、单缓冲和直通三种输入方式，以便适于各种电路的需要（如要求多路 D/A 异步输入、同步转换等）。

D/A 转换结果采用电流形式输出。若需要相应的模拟电压信号，可通过一个高输入阻抗的线性运算放大器实现。运放的反馈电阻可通过 R_{FB} 端引用片内固有电阻，也可外接。

该片逻辑输入满足 TTL 电压电平范围，可直接与 TTL 电路或微机电路相接。

DAC0832 各引脚功能定义如下：

U_{CC}　电源电压端。5 ~ 15V 单电源。

U_{REF}　参考电压端。要求该电压精度愈高愈好，其范围是 ± 10V。若要输出正模拟电压，该端接负值电压。

AGND、DGND　分别为模拟量地和数字量地端。其中 DGND 也是电源电压的接地端。

$DI_7 \sim DI_0$　8 位数字量输入端。

I_{OUT1}、I_{OUT2}　两路模拟量电流输出端。当后面接有运放时，将其分别接与运放的反相、同相端。

CS、ILE、XFER　分别为片选、数字量允许输入锁存和数据传送控制端。

WR$_1$、WR$_2$　分别为第一级、第二级缓冲寄存器的写信号端。

R_{FB}　在片内该端与 I_{OUT1} 间接有固有电阻（约 15kΩ），可引用作输出侧运放的反馈电阻。

八、光耦合器

光耦合器内部由发光器件和光敏器件两部分组成，它可把由输入电流产生的光信号再转换为电信号传输出去。其内部结构原理如附图 C-17 所示。

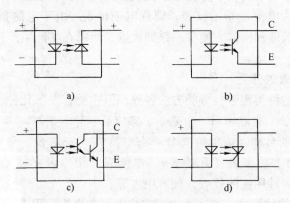

附图 C-17　光耦合器的几种类型

a）二极管型　b）晶体管型　c）达林顿管型　d）晶闸管驱动型

九、数码管

常见的数码管由七个条状和一个点状发光二极管管芯制成，如附图 C-18 所示。根据其结构的不同，可分为共阳极数码管和共阴极数码管两种。

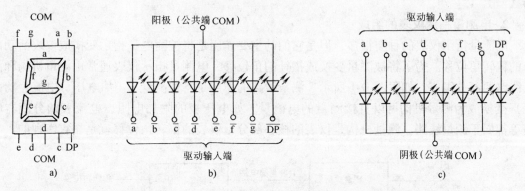

附图 C-18　LED 数码管内、外结构图及引脚分布

a）LED 数码管的正面图　b）共阳极数码管等效电路　c）共阴极数码管等效电路

数码管中各段发光二极管的伏安特性和普通二极管类似，只是正向压降较大，正向电阻也较大。在一定范围内，其正向电流与发光亮度成正比。由于常规的数码管起辉电流只有 1 ~ 2mA，最大极限电流也只有 10 ~ 30mA，所以它的输入端与 5V 电源或高于 TTL 高电平（3.5V）的电路信号相接时，一定要串联限流电阻，以免损坏器件。

附录 D 电工仪表简介及应用实例

一、电测量指示仪表的基本知识

能直接指示被测量大小的仪表称为指示仪表。测量电压、电流、功率、功率因数、频率等电量的指示仪表称为电测量指示仪表，简称电工仪表。由于电测量指示仪表具有结构简单、稳定可靠、价格低廉和维修方便等一系列优点，所以在实际生产和教学、科研中得到广泛的应用。

1. 电测量指示仪表的分类

电测量指示仪表的种类很多，分类方法各异，但主要有以下几种：

（1）按工作原理分　有磁电系、电磁系、感应系、静电系等。

（2）按被测电量的名称（或单位）分　有电流表（安培表、毫安表和微安表）、电压表（伏特表、毫伏表）、功率表（瓦特表）、电能表、相位表（或功率因数表）、频率表、绝缘电阻表以及其他多种用途的仪表，如万用表等。

（3）按被测电流的种类分　有直流表、交流表、交直流两用表。

（4）按使用方式分　有开关式与便携式仪表。开关板式仪表（又称板式表）通常固定安装在开关板或某一装置上，一般误差较大（即准确度较低），价格也较低，适用于一般工业测量。便携式仪表误差较小（准确度较高），价格较贵，适于实验室使用。

（5）按仪表的准确度分　有0.1、0.2、0.5、1.0、1.5、2.5、5.0共七个等级。

此外，按仪表对电磁场的防御能力可分为Ⅰ、Ⅱ、Ⅲ、Ⅳ四级；按仪表的使用条件可分为 A、B、C 三组。

2. 电测量指示仪表的组成

电测量指示仪表的种类很多，但是它们的主要作用是将被测电量指示变换成仪表活动部分的偏转角位移。为了将被测量变换成指针的角位移，电测量指示仪表通常由测量机构和测量线路两部分组成，如附图 D-1 所示。测量线路的作用是将被测量 x（如电压、电流、功率等）变换成为测量机构可以直接测量的电磁量。如电压表的附加电阻、电流表的分流器电路等都属于测量线路。测量机构是仪表的核心部分，仪表的偏转角位移就是靠它实现的。

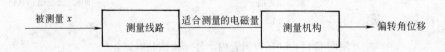

附图 D-1　电测量指示仪表的组成框图

3. 电测量指示仪表的误差及准确度

（1）仪表误差的分类　任何一个仪表在测量时都有误差，它说明仪表的指示值和被测量的实际值之间的差异程度，而准确度则说明仪表的指示值和被测量的实际值相符合的程度。误差越小，准确度越高。根据引起误差的原因，可将误差分为基本误差和附加误差。

1）基本误差是指示仪表在规定的正常条件下进行测量时所具有的误差。它是仪表本身所固有的，即由于结构上及制作上不完善而产生的。所谓仪表的正常工作条件是指仪表指针调整到零点；仪表按规定的工作位置安放；仪表在规定的温度、湿度下工作；除地磁场外，没有外来电磁场；对于交流仪表，电流的波形是正弦波，频率为仪表的正常工作频率。

2）附加误差是当仪表不在正常工作条件下工作时，除了上述基本误差外所出现的误差。例如：温度、外磁场等不符合仪表正常工作条件时，都会引起附加误差。

（2）仪表误差的几种表示形式

1）绝对误差。仪表指示的数值（以下简称"示值"）A 和被测量的实际值 A_0 之间的差值称为仪表的绝对误差，用 Δ 表示

$$\Delta = A - A_0 \qquad\qquad (\text{附 D-1})$$

被测量的实际值可由标准表（用来检定工作仪表的高准确度仪表）指示。

绝对误差的单位与被测量的单位相同。

2）相对误差。测量不同大小的被测量的值时，用绝对误差难以比较测量结果的准确度，这时要用相对误差来表示。相对误差是绝对误差与被测量的实际值之间的比值，通常用百分数来表示，即

$$\gamma = \frac{\Delta}{A_0} \times 100\% \approx \frac{\Delta}{A} \times 100\% \qquad\qquad (\text{附 D-2})$$

例如：用同一只电压表测量实际值为 100V 的电压时，指示 101V；测量实际值为 20V 的电压时，指示 19.2V，则相对误差分别为

$$\gamma_1 = \frac{101 - 100}{100} \times 100\% = +1\%$$

$$\gamma_2 = \frac{19.2 - 20}{20} \times 100\% = -4\%$$

可见，虽然测量 20V 电压时的绝对误差小些，但它对测量结果的影响却大些，占了测量结果的 | -4% |。在工程上，凡是要求计算测量结果时，一般都用相对误差来表示。

3）引用误差。相对误差虽然可以说明测量结果的准确度，衡量测量结果和被测量实际值之间的差异程度，但还不足以有用来评价仪表的准确度。这是因为同一个仪表的绝对误差在刻度的范围内变化不大，而近似于常数，这样就使得在仪表标度尺的各个不同的部位，相对误差不是一个常数，而且变化很大。

例如：一只测量范围为 0 ~ 250V 的电压表，若在标度尺的"200V"处的绝对误差为 +2V，则该处的相对误差 γ_1 为 1.0% $\left(\gamma_1 = \frac{2}{200} \times 100\% = +1.0\% \right)$。

若在标度尺的"10V"处的绝对误差为 +1.8V，则该处的相对误差 γ_2 为 18% $\left(\gamma_2 = \frac{1.8}{10} \times 100\% = +18\% \right)$。

比较 γ_1 和 γ_2，可以看出，用相对误差来比较仪表基本误差的大小是不合适的。

γ_1、γ_2 之所以变化很大，主要是在计算相对误差时分子接近于一个常数，而分母却是一个变数的缘故。如果用指示仪表的上限（即量限、量程）作分母，就解决了上述问题，因此指示仪表的准确度通常采用"引用误差"来表示。引用误差是绝对误差与仪表上限比值的百分数，即

$$\gamma_{\mathrm{m}} = \frac{\Delta}{A_{\mathrm{m}}} \times 100\% \qquad\qquad \text{(附 D-3)}$$

实际上，由于仪表各指示值的绝对误差一定相等，其值有大有小，符号有正有负，为了评价仪表在准确度方面是否合格，式（附 D-3）中的分子应该取标度尺工作部分所出现的最大绝对误差，即

$$\gamma_{\mathrm{mm}} = \frac{\Delta_{\mathrm{m}}}{A_{\mathrm{m}}} \times 100\% \qquad\qquad \text{(附 D-4)}$$

式中，γ_{mm} 为最大引用误差或仪表的允许误差；Δ_{m} 为仪表指示值的最大绝对误差。

（3）仪表的基本误差及准确度 根据国家标准规定，引用误差用来表示仪表的基本误差，它表示仪表的准确度的等级。仪表在规定条件下工作时，在它的标度尺工作部分的所有分度线上，可能出现的基本误差的百分数值，称为仪表的准确度等级。各等级准确度的指示仪表在规定条件下使用时的基本误差不允许超过仪表准确度等级的数值，见附表 D-1。

附表 D-1　仪表准确度等级

仪表准确度等级	0.1	0.2	0.5	1.0	1.5	2.5	5.0
基本误差（%）	±0.1	±0.2	±0.5	±1.0	±1.5	±2.5	±5.0

由附表 D-1 可见，准确度等级的数值越小，允许的基本误差越小，表示仪表的准确度越高。

从式（附 D-4）不难看出，在只有基本误差影响的情况下，仪表准确度等级的数值 a 与最大引用误差的关系是

$$a\% \geqslant \frac{\Delta_{\mathrm{m}}}{A_{\mathrm{m}}} \times 100\%$$

在极限的情况下，仪表允许的最大绝对误差 Δ_{m} 为

$$\Delta_{\mathrm{m}} = \pm a\% \times A_{\mathrm{m}}$$

由此可以求出应用仪表测量某一被测量 x 时可能出现的最大相对误差 γ_{m} 为

$$\gamma_{\mathrm{m}} = \frac{\Delta_{\mathrm{m}}}{A_{x}} \times 100\% = \frac{\pm a\% A_{\mathrm{m}}}{A_{x}} \times 100\% \qquad\qquad \text{(附 D-5)}$$

从式（附 D-5）可以看出，仪表的准确度对测量结果的准确度影响很大。但一般来说，仪表的准确度并不就是测量结果的准确度，后者还与被测量的大小有关，只有仪表运用在满刻度偏转时，测量结果的准确度才等于仪表的准确度。因此，切不要把仪表的准确度与测量结果的准确度混在一起。

4. 电测量指示仪表的主要技术要求

为保证测量结果准确可靠，必须对测量仪表提出一定的质量要求。根据国家标准规定，对于一般电测量指示仪表来说，主要有下列几方面的要求：

（1）有足够的准确度 仪表的基本误差应与该仪表所标明的准确度等级相符，也就是说，在仪表标度尺"工作部分"的所有分度线上，仪表的基本误差都不应超过附表 D-1 的规定。

（2）变差小 在外界条件不变的情况下，进行重复测量时，对应于仪表同一个示值的被测量实际值之间的差值称为"示值的变差"。

对于指示仪表，当被测量由零值向上限方向平衡增加与由上限向零值方向平衡减小时，对应于同一个分度线的两次读数和被测量实际值之差称为"示值的升降变差"，简称"变差"，即

$$\Delta_v = |A''_0 - A'_0|$$

式中，A''_0 为平衡增加时测得的实际值；A'_0 为平衡减小时测得的实际值。

对于一般电测量指示仪表，升降变差不应超过基本误差的绝对值。

（3）受外界因素影响小　当外界因素如温度、外磁场等影响量变化超过仪表规定的条件时，所引起的仪表的示值的变化越小越好。

（4）仪表本身所消耗的功率小　在测量过程中，仪表本身必然要消耗一部分功率。当被测电路功率很小时，若仪表所消耗的功率太大，将使电路工作情况改变，从而引起误差。

（5）要具有适合于被测量的灵敏度　灵敏度高的要求，对于各项精密电磁测量工作是非常重要的，它反映仪表能够测量的最小被测量。

（6）要有良好的读数装置　在测量工作中，一般要求标尺分度均匀，便于读数。

对于不均匀的标度尺上，应标有黑圆点，表示从该黑圆点起，才是该标度尺的"工作部分"。按规定，标度尺工作部分的长度不应小于标度尺全长的85%。

（7）有足够高的绝缘电阻、耐压能力和过载能力　为了保证使用上的安全，仪表应有足够高的绝缘电阻和耐压能力。

5. 电测量指示仪表的正确使用

使用电测量指示仪表时，必须使仪表有正常的工作条件，否则会引起一定的附加误差。例如：使用仪表时，应使仪表按规定的位置放置；仪表要远离外磁场；使用前应使仪表的指针到零位，如果仪表指针不在零位时，则可调节调零器使指针指到零位。此外，在进行测量时，必须注意正确读数，也就是说，在读取仪表的指示值时，应该使观察的视线与仪表标尺的平面垂直。如果仪表标尺表面上带有镜子的话，在读数时就应该使指针盖住镜子中的指针影子，这样就可大大减小和消除读数误差，从而提高读数的准确性。

读数时，如指针所指示的位置在两条分度线之间，可估计一位数字。若追求读出更多的位数，超出仪表准确度的范围，便没有意义了。反之，如果记录位数太少，以致低于测量仪表所能达到的准确度，也是不对的。

6. 电测量指示仪表的表面标记

在每一个电测量指示仪表的表面上都有多种符号的表面标记，它们显示了仪表的基本技术特性。这些符号表示了该仪表的形式、型号、被测量的单位、准确度等级、正常工作位置、防御外磁场的等级、绝缘强度等。

现将常见的电测量指示仪表表面标记的符号列于附表 D-2 中。

附表 D-2　常见的电测量指示仪表表面标记的符号

名　称	符　号	名　称	符　号
磁电系仪表		铁磁电动系仪表	
磁电系比率表		铁磁电动系比率表	

名　称	符　号	名　称	符　号
电磁系仪表		电动系比率表	
电磁系比率表		静电系仪表	
电动系仪表			
直流		交流（单相）	
交直流		三相交流	
准确度等级以标度尺量限百分数表示，如1.5级	1.5	准确度等级以指示值的百分数表示，如1.5级	(1.5)
准确度等级以标度尺长度百分数表示，如1.5级	1.5		
标度尺位置垂直		标度尺位置与水平面倾斜成一角度，如60°	60°
标度尺位置水平			
不进行绝缘强度试验		绝缘强度试验电压为2kV	
负端钮		正端钮	
公共端钮（多量限仪表和复用电表）		与屏蔽相连接的端钮	
接地用的端钮		调零器	
与外壳相连接的端钮			
Ⅰ级防外磁场（如磁电系）		Ⅳ级防外磁场及电场	Ⅳ　Ⅳ
Ⅰ级防外磁场（如静电系）		A 组仪表（工作环境温度为0～+40℃）	不标注
Ⅱ级防外磁场及电场	Ⅱ　Ⅱ	B 组仪表（工作环境温度为−20～+50℃）	B
Ⅲ级防外磁场及电场	Ⅲ　Ⅲ	C 组仪表（工作环境温度为−40～+60℃）	C

二、模拟式万用表

模拟式万用表种类繁多，但其结构及原理基本相同。

一般万用表可以测量直流电流、直流电压、交流电压、直流电阻和音频电平电量。有的万用表还可以测量交流电流和电容、电感以及晶体管参数等。

万用表主要由表头（测量机构）、测量线路和转换开关组成。

1. 万用表的结构

（1）表头　万用表的表头多采用高灵敏度的磁电系测量机构，表头的满刻度偏转电流一般为几微安到几十微安。满偏电流愈小，灵敏度就愈高，测量电压时的内阻就越大。一般万用表，直流电压挡内阻可达 20000～100000Ω/V，交流电压挡内阻一般要低一些。

（2）测量线路　万用表用一只表头能测量多种电量并具有多种量限，关键是通过测量线路的变换，把被测量变换成磁电系表头所能测量的直流电流。可见，测量线路是万用表的中心环节。一只万用表，它的测量功能愈多，范围愈广，测量线路就愈复杂。

（3）转换开关　转换开关是万用表选择不同测量种类和不同量限的切换元件。万用表用的转换开关都采用多刀多掷波段开关或专用转换开关。

2. 万用表的电路原理

（1）直流电流的测量　万用表的表头满偏电流很小，所以要采用分流器来扩大电流量限。万用表直流电流挡是一种多量限分流器，附图 D-2 为 MF—9 型万用表测量直流电流的电路原理图。

（2）直流电压的测量　万用表多量限的电压测量是靠多量限的附加电阻来扩大量限的。根据附加电阻的接法不同，分为单独配用式和共用式。附图 D-3 为 MF—9 型万用表测量电压的电路原理图。

（3）交流电压的测量　万用表的表头是磁电系结构，因此测量交流电压时，首先要把交流变成直流。整流器就是用来完成这一变换任务的。磁电系表头配上整流器，就构成了整流系仪表。

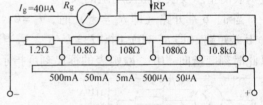

附 D-2　MF—9 型万用表测量直流电流的电路原理图

通常万用表采用两只整流器件的半波整流电路，如附图 D-4 所示。当被测电量为正半周时，a 端为正，b 端为负，整流器件 VD_1 导通，VD_2 截止，表头流过电流；在被测电量为负半周时，VD_1 截止而 VD_2 导通，使 VD_1 两端的反向电压大为降低，同时表头也不再通过反向电流。可见这种电路消除了反向击穿的可能性。

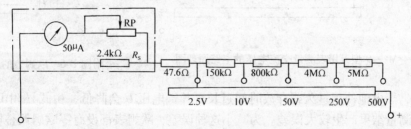

附图 D-3　MF—9 型万用表测量电压的电路原理图

由于磁电系仪表活动部分的惯量，其偏转取决于平均转矩，而平均转矩与整流电流的平均值有关。为了应用方便，万用表的标尺均按正弦交流的有效值刻度。当万用表采用半波整流电路时，作用于测量机构的平均电流 I_{cp} 与电流有效值 I 之间的关系为

$$I_{cp} = \frac{1}{T}\int_0^{T/2} i\mathrm{d}t = \frac{1}{T}\int_0^{T/2} I_m\sin\omega t\mathrm{d}t = 0.45I$$

所以
$$I = 2.22I_{cp}$$

若采用全波整流电路，则

$$I_{cp} = \frac{1}{T}\int_0^{T} i\mathrm{d}t = \frac{1}{T}\int_0^{T} I_m\sin\omega t\mathrm{d}t = 0.90I$$

所以
$$I = 1.11I_{cp}$$

万用表可以按以上关系设计标尺，直接读取正弦交流电量的有效值。

附图 D-5 为 MF—9 型万用表测量交流电压的电路原理图。

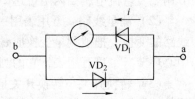

附图 D-4　半波整流电路

（4）直流电阻的测量　万用表的电阻挡实质上就是一个多量限的欧姆表。欧姆表测量电阻的简单原理如附图 D-6 所示，图中电源 U 为干电池，它与表头和固定电阻 R 相串联，a、b 两个端钮接入被测电阻 R_x。通过表头的电流为

$$I_g = \frac{U}{R_g + R + R_x} = \frac{U}{R_i + R_x} \tag{附 D-6}$$

式中，$R_i = R_g + R$ 称为欧姆表的内阻。在电源电压 U 一定时，I_g 只随被测电阻 R_x 而变，即欧姆表的指示反映了被测电阻的大小。

当 a、b 端开路（即 $R_x = \infty$）时，$I_g = 0$，指针不偏转，欧姆表此时刻度指向"∞"；当 a、b 端短路（即 $R_x = 0$）时，$I_g = U/R_i$，适当选择 R_i，其电流正好等于表头的满偏电流，所以此时刻度指向"0"。欧姆表的标尺刻度指示从左到右逐渐增加，且不均匀。

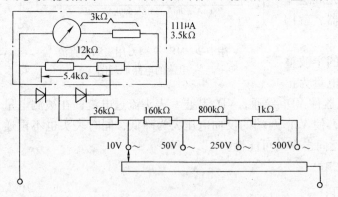

附图 D-5　MF—9 型万用表测量交流电压的电路原理图

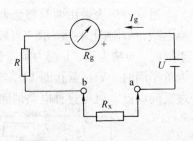

附图 D-6　欧姆表的原理图

实际上，干电池使用过久或存放时间过长，其端电压 U 会降低，由式（附 D-6）可知，U 的降低使测量结果产生较大误差。为减小这种误差，欧姆表都设有零欧姆调整电路，使用时，必须首先将零欧姆指示调准。常用的分压式零欧调整器如附图 D-7 所示，其中调零电位

器 RP 的一部分电阻串入分流电路（与 R'_s 串联），另一部分串入表头电路（与 R_g 串联）。当电池电压降低时，RP 的触头向右滑动，串入表头的电阻减小而串入分流电路的电阻增加，两者的作用都是使得总电流 I_1 减小时流过表头的电流增加，从而补偿了因电池电压降低而产生的影响。500 型和 MF—9、MF—18 型万用表的欧姆挡都采用这种零欧姆调整电路。

3. 万用表的使用

一般选择量程时，应尽量使电表指针有最大的偏转角度。测量电压和电流时，应使表针偏转至满刻度的 1/2 或 2/3 以上；测量电阻时，为了提高测量准确度，应使指针尽可能靠近标度尺的中心位置。

（1）电阻测量　测量前，应先进行调零，即把两表笔短接，同时调节面板上的"欧姆调零旋钮"，使表针指在电阻零点。如调不到零，说明万用表内电池不足，需要更换电池。每次变换电阻挡后应重新调整零点。

测量时，将万用表与被测电阻并联，注意不要用双手捏住表笔的金属部分和被测电阻，否则人体本身电阻会影响测量结果，尤其在测量大电阻时，影响更加明显。严禁在被测电路带电情况下测量电阻，如果电路中有电容，应先将其放电后再进行测量。

如用 $R \times 100$ 量程进行测量，指针指示为 18，则被测电阻 $R_x = 18 \times 100\Omega = 1500\Omega$。

（2）电压测量　万用表与被测电路并联，测量直流电压时，红表笔接高电位，黑表笔接低电位，如果误用直流电压挡去测交流电压，表针就会不动或略微抖动；如果用交流电压挡去测直流电压，读数可能偏高，也可能为零（和万用表的接法有关）。

（3）电流测量　将万用表串在被测回路中，红表笔为电流的流入方向，黑表笔接电流的流出方向。若电源内阻和负载电阻都很小，应尽量选择较大的电流量程，以降低万用表内阻，减小对被测电路工作状态的影响。

（4）判断晶体管的电极　测量晶体管通常选择 $R \times 100$ 或 $R \times 1k$ 挡。无论是 PNP 管，还是 NPN 管，都可以将其看成是由两个二极管反向串联而成的，如附图 D-8 所示。

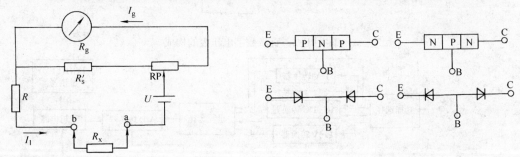

附图 D-7　分压式零欧姆调整器　　　　附图 D-8　晶体管的结构示意图

1）判定基极。如用一支表笔接某个电极，用另一支表笔依次碰触其他两个电极时测出的电阻值都很大或都很小，则可判定这支表笔接的是基极。若两次测出的电阻是一大一小，相差很多，则证明第一支表笔接的不是基极，应更换其他电极，按上述步骤，直至测出基极为止。

2）判定 PNP 型或 NPN 型。若已知红表笔接的是基极，当黑表笔依次碰到另外两个电极时，测出的电阻值都很小，属于 PNP 型。若两次测出的电阻都很大，则为 NPN 型。

3）判定发射极和集电极。以 NPN 管为例，在判断出基极的基础上，把红黑表笔分别接触除基极以外的两个电极，取 100kΩ 的电阻接于黑表笔与基极之间（一般情况下，为了方便，不接电阻，而是用拇指和食指捏住这两个电极，但两个电极不能碰在一起），观察表针偏转情况；然后手捏住的两个电极不放，将红黑表笔对调，再观察表针偏转情况，将两次结果进行比较，偏转较大的那次，黑表笔所接的电极为集电极，红表笔所接的电极为发射极。

PNP 型晶体管的判断方法与上面相同，只是红黑表笔的接法与上面相反。

（5）判断电容器　把电容器放电后，用黑表笔接其正极，红表笔接其负极，指针会迅速向右偏转，容量大的偏转较多；然后指针会向左移动，逐渐接近无穷大，容量越小越接近无穷大。若指针不偏转或不能返回无穷大，说明电容器已损坏。

三、数字万用表

数字万用表是近年来涌现的先进的测量仪表，它能对多种电量进行直接测量并将测量结果用数字显示。与模拟式万用表相比，其各项性能指标均有大幅度提高。

1. 数字万用表的基本原理

数字万用表是在直流数字电压表的基础上扩展而成的。直流数字电压表的简单原理如附图 D-9 所示。直流数字电压表主要由模-数（A/D）转换器、计数器、译码显示器和控制器组成。在此基础上，利用交流-直流（AC-DC）转换器、电流-电压（I-V）转换器、电阻-电压（Ω-V）转换器即可把被测电量转换成直流电压信号。这样就构成了一块数字万用表，如附图 D-10 所示。

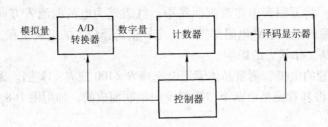

附图 D-9　直流数字电压表的构成

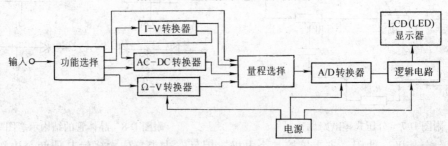

附图 D-10　数字万用表的构成

数字万用表的显示位数一般为 4 ~ 8 位。若最高位不能显示 0 ~ 9 的所有数字，即称作"半位"，写成"$\frac{1}{2}$"位。如袖珍式万用表共有 4 个显示单元，习惯上称为"$3\frac{1}{2}$"位（读作"三位半"）数字万用表。同样道理，具有 8 个显示单元的数字万用表，称为"$7\frac{1}{2}$"位数字万用表。也有少数数字万用表，没有半位。

下面以 DT—830 型数字万用表为例，来说明数字万用表的功能及使用。

2. DT—830 型数字万用表的面板各部分作用

由于 DT—830 型数字万用表模拟量-数字量的转换是通过单片大规模集成电路 7106 来完成的。7106 及附属电路如附图 D-11 所示。由于应用了大规模集成电路，使操作变得更简便，读数更精确，而且还具备了较完善的过电压、过电流等保护功能。附图 D-12 为 DT—830 型数字万用表的面板图。其各部分作用如下：

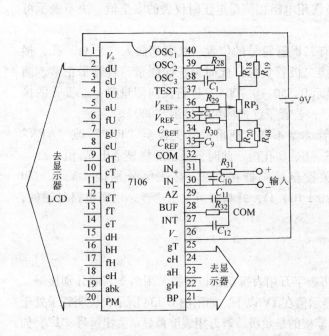

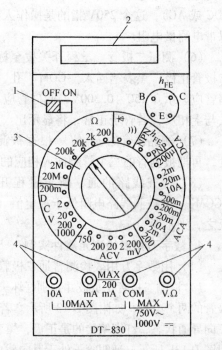

附图 D-11　集成电路 7106 及附属电路　　　　附图 D-12　DT—830 型数字万用表的面板图

1—电源开关，测量完毕应立即关闭电源。若长期不用，则应取出电池，以免漏电。

2—显示屏 LCD，最大显示 1999 或 –1999，有自动调零及极性自动显示功能。

3—量程转换开关，开关周围用不同颜色和分界线标出各种不同测量种类和量限。

4—输入插口，共有 "10A"、"mA"、"COM"、"V.Ω" 四个孔。注意：黑表笔始终插在 COM 孔内；红表笔则根据具体测量对象插入不同的孔内。在使用各电阻挡、二极管挡、通断挡时，红表笔接 "V.Ω" 插孔（带正电），黑表笔接 "COM" 插孔。这与模拟式万用表在各电阻挡时的表笔带电极性恰好相反，使用时应特别注意。

面板下方还有 "10MAX" 或 "MAX200mA" 和 "MAX750V～1000V ＝" 的标记，前者表示在对应的插孔间所测量的电流值不能超过 10A 或 200mA；后者表示测交流电压不能超过 750V，测直流电压不能超过 1000V。

3. DT—830 型数字万用表的基本使用方法

（1）测直流电压　量程开关拨至 "DC V" 范围内的合适挡，如果无法估计被测电压的大小，应先拨至最高量程挡测量，再视情况把量程减小到合适位置（下同）。将红表笔插入 "V.Ω" 孔内，与被测电路并联进行测量。注意：量程不同，测量精度不同。

（2）测交流电压　量程开关拨至 "AC V" 范围内的合适挡，表笔接法同上。要求被测电压频率为 45～500Hz（实测约为 20Hz～1kHz 范围）。

（3）测直流电流　量程开关拨至"DC A"范围内的合适挡。红表笔接"mA"孔（<200mA）或"10A"孔（>200mA），黑表笔接"COM"孔。

（4）测交流电流　量程开关拨至"AC A"范围内的合适挡，表笔接法同测直流电流。

（5）测量电阻　量程开关拨至"Ω"范围内的合适挡。红表笔改接"V.Ω"孔。200Ω挡的最大开路电压约为 1.5V，其余电阻挡约 0.75V。电阻挡的最大允许输入电压为 250V（DC 或 AC），这个 250V 指的是操作人员误用电阻挡测量电压时仪表的安全值，决不表示可以带电测量电阻。

（6）测量二极管　量程开关拨至标有二极管符号的位置。红表笔插入"V.Ω"孔，接二极管正极；黑表笔插入"COM"孔，接二极管负极。此时为正向测量，若管子正常，测锗管应显示 0.150～0.300V，测硅管应显示 0.550～0.700V。进行反向测量时，二极管的接法与上相反，若管子正常，将显示出"1"；若管子已损坏，将显示"000"。

（7）测晶体管的 h_{FE} 值　根据被测管类型不同，把量程开关拨至"PNP"或"NPN"处，再把被测管的三个管脚插入相应的 E、B、C 孔内，此时，显示屏将显示出 h_{FE} 值。

（8）检查线路的通、断　量程开关拨至蜂鸣器挡，红、黑表笔分别接"V.Ω"和"COM"。若被测线路电阻低于规定值（20±10）Ω，蜂鸣器可发出声音，说明电路是通的；反之，则不通。

4. 数字万用表检测元器件实例

（1）用数字万用表检测普通二极管

1）检测二极管正负极并判别好坏。将数字万用表拨至二极管挡，用两支表笔分别接触二极管的两个电极，如附图 D-13 所示。若显示值在 1V 以下，如附图 D-13a 所示，说明管子处于正向导通状态，红表笔接的是正极，黑表笔接的是负极。若万用表屏幕显示溢出符号"1"，如附图 D-13b 所示，证明管子处于反向截止状态，黑表笔接的是正极，红表笔接的是负极。为进一步确定管子的质量好坏，应交换表笔再重测一次。若两次均显示"000"，如附图 D-13c 所示，证明管子已击穿短路。若两次都显示溢出符号，如附图 D-13d 所示，说明管子内部开路。

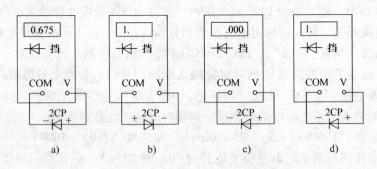

附图 D-13　用二极管挡判断正负极

a）测量正向压降　b）测量反向压降　c）二极管短路　d）二极管开路

2）用 h_{FE} 挡判定二极管的正、负极。将数字万用表拨至 h_{FE} 挡，利用 h_{FE} 插口来检查二极管。此时 NPN 插孔的 C 孔带正电，E 孔带负电。把被测二极管的两个电极分别插入 C 孔和 E 孔，如附图 D-14 所示。如果万用表屏幕显示溢出符号"1"，证明 C 孔接的是正极，E 孔接的是负极。若显示"000"，说明管子被反向偏置，E 孔接的是正极，C 孔接的是负极。

（2）用数字万用表检测单色发光二极管

1）利用二极管挡检测发光二极管。通常，发光二极管的长引线为正极，短引线为负极。若引线被剪或不知二极管好坏时，可将数字万用表拨至二极管挡，用两支表笔分别接触二极管的两个电极，管子能稍微发光，说明二极管是好的，红表笔接的是管子正极，黑表笔接的是负极，如附图 D-15 所示。如将管子正负极性接反了则不发光。

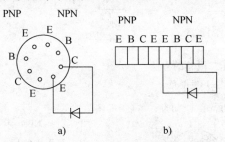

附图 D-14　用 h_{FE} 挡判定二极管正、负极

a）DY2105 型万用表　b）DT9202 型万用表

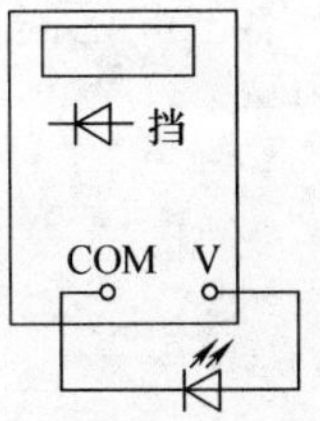

附图 D-15　用二极管挡检测发光二极管

若管子能正常发光且亮度适中，说明被测管属于高亮度 LED。由此可区分普通 LED 与高亮度 LED。

2）利用 h_{FE} 挡检测单色发光二极管。把管子两个管脚分别插入 NPN 插孔的 C 孔和 E 孔，如果单色发光二极管发光，万用表屏幕显示溢出符号"1"，则表示插入 C 孔的管脚是正极，插入 E 孔的管脚是负极，证明管子质量良好。如果将正、负极接反，或者管子内部开路，就不能正常发光，并显示出 000；若仪表显示溢出且管子不发光，证明极间短路。由此可迅速判断开路或短路故障。附图 D-16 为两种不同型号的数字万用表检测 LED 的接线示意图。

注意：检测 LED 发光的时间应尽量缩短，以免降低 9V 叠层电池的使用寿命。

（3）用数字万用表检测变色发光二极管　检测变色发光二极管时最好选择数字万用表的 h_{FE} 挡。用 PNP 的插孔检测变色发光二极管的电路如附图 D-17 所示。把变色

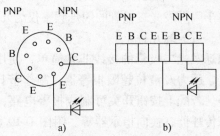

附图 D-16　不同型号的数字万用表检测 LED 的方法

a）DY2105 型　b）DT9202 型

发光二极管的 K 极固定插入 C 孔，只将 R 极插入 E 孔时管子发出红光；只将 G 极插入 E 孔时管子发出绿光；若把 R 极与 G 极同时分别插入两个 E 孔中，管子发出橙色光。管子正常发光时，仪表显示溢出符号"1"；假如把正、负极插反了或者是管子内部开路，就不能正常发光，此时会显示"000"；若仪表显示溢出符号"1"，而管子未发光，则是极间短路。

（4）用数字万用表检测闪烁发光二极管　目前，国内外厂家还将 CMOS-LED 技术应用到发光二极管中，研制出闪烁发光二极管 BTS（S 表示"闪烁"）。闪烁发光二极管的外形与普通发光二极管相同，内部增加了一片 CMOS 集成电路（IC），从侧面可看到管芯内还有一条短黑带。这类管子有两种引出方式，一种是长引线为正极，另一种是短引线为正极，如附图 D-18a 所示。其电源电压一般为 3~5V，部分产品为 3~4.5V。附图 D-18b~e 分别为其符号、典型用法及检测方法。

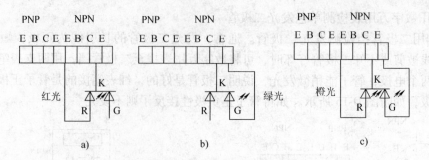

附图 D-17　检测变色发光二极管的方法

a) 发红光　b) 发绿光　c) 发橙光

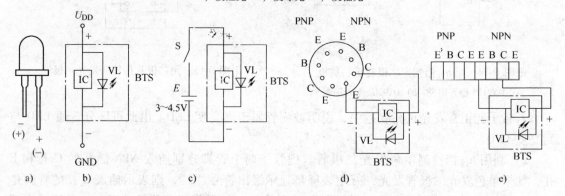

附图 D-18　闪烁发光二极管及检测方法

a) 外形　b) 符号　c) 典型用法　d)、e) 不同型号数字万用表检测闪烁发光二极管的方法

　　由于闪烁发光二极管的闪烁频率仅为几赫兹，很容易引起人们的警觉。其发光颜色分为红、橙、黄、绿几种。

　　闪烁发光二极管的接线非常简单，使用方便，可构成温度、压力及液位越限报警器，制作节日彩灯、电子胸花等。若配上按钮开关可制成报警电路，还可制成多路病床传呼器、换向指示器等。附图 D-19 为采用 CMOS集成电路来驱动 BTS 的电路。因为管子的静态功耗很小，仅在发光时才耗电，所以可选用 3DG12 型小功率管来驱动 BTS。

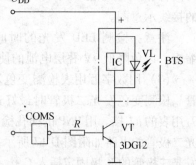

附图 D-19　闪烁发光二极管的驱动电路

　　(5) 用数字万用表检测晶体管　由于数字万用表电阻挡的测试电流很小，不适于检测晶体管，因此建议使用二极管挡以及 h_{FE} 挡进行判定。

　　1) 判定基极。将数字万用表拨至二极管挡，红表笔固定接某个电极，用黑表笔依次接触另外两个电极，若两次显示值基本相等（均在 1V 以下，或都显示溢出），就证明红表笔所接的是基极。如果两次显示值中有一次在 1V 以下，另一次溢出，证明红表笔接的不是基极，应改换其他电极重新测量。

　　2) 鉴别 NPN 管与 PNP 管。在确定基极之后，用红表笔接基极，黑表笔依次接触其他两个电极。如果都显示 0.550～0.700V，属于 NPN 型；假如两次显示都溢出，则管子属于PNP 型。

3）判定集电极和发射极，同时测量 h_{FE} 值。为进一步判定集电极与发射极，需借助于 h_{FE} 挡。假定被测管是 NPN 型，选择 NPN 插孔。把基极插入 B 孔，剩下两个电极分别插入 C 孔和 E 孔。测出的 h_{FE} 值为几十至几百，说明管子属于正常接法，放大能力较强，此时 C 孔插的是集电极，E 孔插的是发射极，如附图 D-20a 所示。倘若测出的 h_{FE} 值只有几至十几，证明管子的集电极、发射极插反了，这时 C 孔插的是发射极，E 孔插的是集电极，如附图 D-20b 所示。

（6）用数字万用表检测 LED 数码管　利用数字万用表的 h_{FE} 挡检测 LED 数码管的发光情况。选择 NPN 插孔，这时 C 孔带正电，E 孔带负电。例如：在检测 LTS547R 型共阴极 LED 数码管时，从 E 孔插入一根单股细导线，导线引出端接"－"极（第 3 脚与第 8 脚在内部连通，可任选一个作为"－"）；再从 C 孔引出一根导线依次接触各笔段电极，可分别显示所对应的笔段。若按附图 D-21 所示电路，将第 1、4、5、6、7 脚短路后再与 C 孔引出线接通，则能显示数字"2"。把 a～g 段全部接 C 孔引线，各笔段就全亮，显示数字"8"。

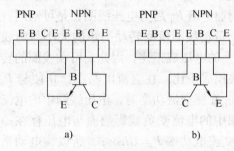

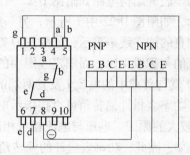

附图 D-20　判别晶体管的集电极和发射极
a）正确接法　b）C、E 接反

附图 D-21　检测共阴极 LED 数码管的方法

5. 注意事项

（1）测量电压时，数字万用表具有自动转换极性的功能，测直流电压时不必考虑正、负极性。

（2）测量晶体管 h_{FE} 值时，由于工作电压仅为 2.8V，且未考虑 U_{BE} 的影响，因此，测量值偏高，只能是一个近似值。

（3）测交流电压时，应当用黑表笔（接模拟地 COM）去接触被测电压的低电位端（如信号发生器的公共地端或机壳），以消除仪表对地分布电容的影响，减少测量误差。

（4）数字万用表的输入阻抗很高，当两支表笔开路时，外界干扰信号会从输入端窜入，显示出没有变化规律的数字。

（5）测量电流时，应把数字万用表串联到被测电路中。如果电源内阻和负载电阻都很小，应尽量选择较大的电流量程，以降低分流电阻值，减小分流电阻上的压降，提高测量准确度。

（6）严禁在测高压（220V 以上）或大电流（0.5A 以上）时拨动量程开关，以防止产生电弧、烧毁开关触头。

（7）测量焊在线路上的元器件时，应当考虑与之并联的其他电阻的影响。必要时可焊下被测元器件的一端再进行测量，对于晶体管则需焊开两个电极才能做全面检测。

（8）严禁在被测线路带电的情况下测量电阻，也不允许测量电池的内阻。在检测电器设备上的电解电容器时，应切断设备上的电源，并将电解电容器上的正、负极短路一下，防止电容器上积存的电荷经万用表泄放，损坏仪表。

（9）仪表的使用和存放应避免高温（>400°C）、寒冷（<0°C）、阳光直射、高湿度及强烈振动环境。测量完毕，应将量程开关拨到最高电压挡，并关闭电源。若长期不用，还应取出电池，以免电池漏液。

四、电动系功率表

1. 功率表的结构及原理

直流电路的功率 $P = UI$，交流电路的功率 $P = UI\cos\varphi$。因此，要测量功率，就必须反映电压、电流及功率因数的乘积。电动系仪表的定圈和动圈能满足这个要求，因此，功率表大多采用电动系测量机构。

功率表的结构电路如附图 D-22 所示。一组电流线圈为固定，用一个圆加一条水平粗实线表示，如附图 D-22 中 1 所示；另一组串联一个附加电阻 R_d 后为电压线圈，是可动的，用一条垂直的细实线来表示，如附图 D-22 中 2 所示。可动线圈所受转动力矩的大小与两线圈中电流的乘积成正比，而固定线圈中的电流与负载上的电压成正比，因此，可动线圈的转动力矩 M 就与负载中的电流 I 及其两端的电压 U 的乘积成正比。在直流电路中，M 便与 P 成正比，功率表指针偏转角可直接指示电功率的大小。在测交流功率时，电压线圈中的电流由于 R_d 较大的原因，电压与电流相位相同，电流线圈中的电流受负载影响而与电压存在一个相位差 φ，因此，功率表指针的偏转角也就指示了交流电功率 $P = UI\cos\varphi$，所以，电动系功率表既可测量直流功率，又可测量交流功率。

单相功率表的接线如附图 D-23 所示。电压和电流各有一个接线端上标有"＊"或"±"的极性符号。对于单相功率表的电压"＊"端，可以和电流"＊"端接在一起，也可以和电流的无符号端连在一起。前者称为前接法，适用于负载电阻远比功率表电流线圈电阻大得多的情况；后者称为后接法，适用于负载电阻远比功率表电压支路电阻小得多的情况。在这两种情况下，功率表电压支路中的电流可忽略不计，可提高测量准确度。

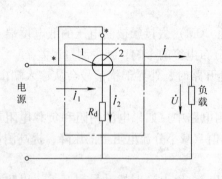

附图 D-22　电动系功率表的电路原理图

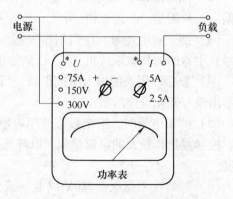

附图 D-23　单相功率表接线方法

2. 功率表的读数

功率表的标度尺只标有分格数，而并不标明功率数，这是由于功率表一般是多量限的，在选用不同的电流量限和电压量限时，每一分格都代表不同的功率数。每一分格所代表的功率数称为功率表的分格常数。在测量时读了功率表的偏转格数后，乘上功率表相应的分格常数，就等于被测功率的数值，即

$$P = Ca \qquad\qquad (附 D-7)$$

式中，P 为被测功率的功率数（W）；C 为功率表分格常数（W/格）；a 为指针偏转的格数。功率表的分格常数可以按下式计算：

$$C = \frac{U_m I_m}{a_m} \qquad\qquad (附 D-8)$$

式中，U_m 为所使用功率表的电压量程值；I_m 为所使用功率表的电流量程值；a_m 为功率表标度尺满刻度的格数。

例： 选用功率表的电压量程为 300V，电流量程为 2.5A，功率表标度尺的满刻度格数为 150 分格，在测量时读得功率表指针的偏转格数为 75 格，问负载所消耗的功率是多少？

解： 功率表的分格常数为

$$C = \frac{U_m I_m}{a_m} = \frac{300 \times 2.5}{150} \text{W/格} = 5 \text{W/格}$$

测得负载所消耗的功率为

$$P = Ca = 5 \text{W/格} \times 75 \text{ 格} = 375 \text{W}$$

普通功率表是按额定电压 U_m、额定电流 I_m 及额定功率因数 $\cos\varphi_m = 1$ 的情况下进行刻度的，也就是当被测功率 $P_m = U_m I_m$ 时，功率表指针有满刻度偏转。如果用这样的表来测量低功率因数负载的功率，如 $\cos\varphi_m = 0.1$，即使负载电压、电流都达到表的量限的额定值，但由于 $P_m = U_m I_m \cos\varphi = 0.1 U_m I_m$，仪表指针也只能偏转到满刻度的 1/10，这样就不便于读数，测量的相对误差也很大。此外在转动力矩很小、功率因数低的情况下，仪表本身的功率损耗、角误差（电压线圈中电流滞后其端电压的相位差所引起的误差）以及轴承和轴尖之间的摩擦等，都会给测量结果带来不允许的误差。所以，需要有能在低功率因数的电路中测量小功率的功率表，这就是低功率因数功率表。

低功率因数功率表用来测量功率因数比较低的交流电路中的功率，也可用来测量交直流电路中的小功率。

低功率因数功率表的接线和使用方法与普通功率表相同，但设计时，使得它在额定电流 I_m、额定电压 U_m 及额定功率因数 $\cos\varphi_m$ 下指针能作满刻度偏转，因此，低功率因数功率表的分格常数为

$$C = \frac{U_m I_m \cos\varphi_m}{a_m} \qquad\qquad (附 D-9)$$

$\cos\varphi_m$ 的值在表面上标明。

应当强调指出，仪表上标明的额定功率因数 $\cos\varphi_m$ 并非为被测量负载的功率因数，而是仪表在刻度时，在额定电流、额定电压下能使指针作全偏转（满刻度）的额定功率因数。

例： 用 $\cos\varphi_m = 0.2$、电压量限为 300V、电流量限为 5A 的具有 150 分格的低功率因数功率表测量某一负载所消耗的功率，功率表读数为 70 分格，该负载所消耗的功率为多少？若此时又测得负载的电压为 250V，负载电流为 4A，该负载的实际功率因数等于多少？

解： 此低功率因数功率表的分格常数为

$$C = \frac{U_{m}I_{m}\cos\varphi_{m}}{a_{m}} = \frac{300 \times 5 \times 0.2}{150}\text{W/格} = 2\text{W/格}$$

负载所消耗的功率为

$$P = Ca = 2\text{W/格} \times 70\text{ 格} = 140\text{W}$$

负载的实际功率因数为

$$\cos\varphi = P/UI = \frac{140}{250 \times 4} = 0.14$$

为了便于比较，把磁电系、整流系、电磁系、电动系仪表的一般特性列于附表 D-3 中。

附表 D-3　各种仪表的特性

性能 \ 型式	磁电系	整流系	电磁系	电动系
测量基本量（不加说明时，即是电压、电流）	直流或交流的恒定分量	交流平均值（一般在正弦交流下刻度为有效值）	交流有效值或直流	交流有效值或直流（并可测交、直流功率及交流相位、频率等）
使用频率范围		一般用于 45～1000Hz，有的可达 5000Hz 以上	一般用于 50Hz，频率变化时，误差较大	一般用于 50Hz，有的可用于 8000Hz 以下
准确度	高（可达 0.1～0.005 级，一般为 0.5～1.0 级）	低（可达 0.5～1.0 级，一般为 0.5～2.5 级）	较低（可达 0.2～0.1 级，一般为 0.5～2.5 级）	高（可达 0.1～0.05 级，一般为 0.5～1.0 级）
功率损耗	小	小	大	大
波形影响		测量交流非正弦波有效值时，误差很大	可测非正弦交流有效值	可测非正弦交流有效值
防御外磁场能力	强	强	弱	弱
分度特性	均匀	接近均匀	不均匀	不均匀（作功率表时，刻度均匀）
过载能力	小	小	大	小
转矩	大	大	小	小
价格	贵	贵	便宜	最贵
主要应用范围	作直流电表	作交流电表	作板式电表及一般实验室用交流电表	作为交直流标准表及一般实验室电表

附录 E 新型电子芯片及模块应用实例

近年来，随着科学技术的发展，微电子技术突飞猛进，涌现了一大批新型的集成电路芯片和新型的电子模块。特别是新型的电子模块的出现，使不少传统的电子产品发生了质的变化，专用电子模块取代了过去由集成电路、分立元件和器件等组成的繁琐复杂的电子线路，使电子产品的设计与制作得到大幅度的简化，有的甚至进入傻瓜式设计，而且还提高了电子产品整机的工作可靠性。所以电子模块从诞生之日起就受到了电子产品专业设计人员、制造商以及广大业余电子爱好者的青睐。新型的集成电路芯片及新型的电子模块种类繁多，这里仅选择几种较简单的实用的芯片、电子模块以及典型应用电路介绍，为大家进行电子科技制作、实用电路设计拓宽思路，提供参考。

一、语音录放芯片及模块

语音录放模块是近年来发展起来的一类新型器件，其最大特点是无需磁带和机械传动装置，只需传声器、扬声器、按钮以及很少的阻容元件，便能实现语音、声响等自然音的录音和放音，并能像录音机那样即录即放，永久保存，因而被人们称为"固体录音机"。语音录放模块实质上是将语音录放集成电路、存储器、阻容元件甚至将功放电路以及发光管、操作按键等按设计要求制作在一块印制电路板上，用户拿来不必作很多安装即可录音与放音，极大地方便了用户。本节介绍国内目前较为流行的 ISD1820、ISD1420 语音录放芯片及 ISD1110M 语音录放模块。

1. 8~20s 单段语音录放电路——ISD1820

ISD1820 是美国 ISD 公司于 2001 年推出的一种单片 8~20s 单段语音录放电路，它采用 CMOS 技术，内含振荡器、传声器前置放大、自动增益控制、防混淆滤波器、扬声器驱动及 FLASH 阵列。为了适应客户对小型化及降低装配成本的要求，ISD1820 通常采用新型实用的 14 引脚 DIP 硬包封形式，如附图 E-1 所示。

（1）主要特性

1）方便的单片 8~20s 语音录放。

2）高质量，自然的语音还原技术。

3）边沿/电平触发放音。

4）自动节电，维持电流 $0.5\mu A$。

5）不耗电信息保存 100 年（典型值）。

6）外接电阻调整录音时间。

7）内置扬声器驱动放大电路。

8）10000 次录音周期（典型）。

9）3~5V 单电源工作，借助专用设备可以批量复制。

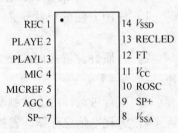

附图 E-1 ISD1820 引脚封装

（2）典型应用电路 附图 E-2 为 ISD1820 典型应用电路，电源电压为 3~5V，操作过程如下：

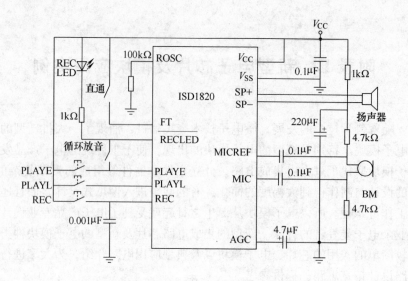

附图 E-2　ISD1820 典型应用电路

录音：按住 REC 录音键不放即录音，VL 会亮起，录音在松开按键时停止。

放音有三种情况：

1）边沿触发放音，按 PLAYE 键一下即将全段语音播出。

2）电平触发放音，按 PLAYL 键时即放音，松开按键即停止。

3）循环放音，置循环放音开关闭合，按动 PLAYE 键即开始循环放音，只能断电停止。

2. ISD1420 语音录放芯片

ISD1420 是美国 ISD 公司出品的优质单片 20s 语音录放芯片，内电路由振荡器、语音存储单元、前置放大器、自动增益控制电路、抗干扰滤波器、输出放大器等组成。一个最小的录放系统仅由一个传声器、一个扬声器、两个按键、一个电源及少数阻容元件便可组成。它采用直接模拟存储技术（DAST TM）将录音内容存入永久性存储单元 EEPROM 存储器，提供零功率信息存储，不仅语音质量优胜，而且断电后，语音信息可永久保持。ISD1420 语音录放芯片的引脚如附图 E-3 所示。

（1）ISD1420 语音录放芯片的主要特点

1）使用方便的单片录放系统，在同类产品中外围元器件最少。

2）音质好，重放时能重现优质原声，没有常见的背景噪声。

3）放音可选择由边沿触发或电平触发两种方式。

4）无耗电信息存储，省掉备用电池。

5）存储信息可保存 100 年，芯片可反复录放 10 万次以上。

6）无需专用编程或开发系统，使用方便。

7）有较强的分段选址能力，可处理多达 160 段信息。

8）具有自动节电模式。

9）录音或放音后，电路能立即进入维持状态，仅需 0.5μA 电流。

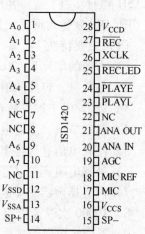

附图 E-3　ISD1420 语言
录放芯片引脚图

10）采用 5V 单电源供电。

（2）典型应用电路　ISD1420 语音录放芯片的典型应用电路如附图 E-4 所示。其中，SB_3 为录音键，按下后便可录音；SB_1 为电平触发放音键；SB_2 为边沿触发放音键。地址输入端 A_0 ～A_7 有效取值范围为 00000000～10011111，这表明最多可被划分 160 个外存储单元，可录放多达 160 段语音信息。由 A_0～A_7 决定每段的起始地址，而起始地址直接反映录放音的起止时间。其关系公式：$T = 0.125(128A_7 + 64A_6 + 32A_5 + 16A_4 + 8A_3 + 4A_2 + 2A_1 + A_0)$。

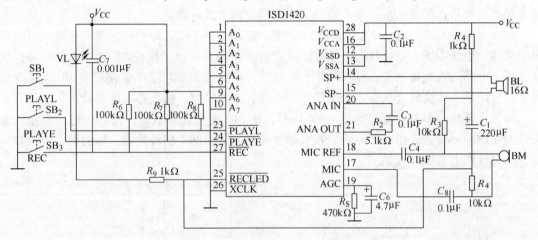

附图 E-4　ISD1420 典型应用电路

3. ISD1110M 语音录放模块

ISD1110M 语音录放模块是浙江瑞安市意乐电子器材公司推出的 10s 单段语音录放模块，模块内部电路核心器件是美国 ISD 公司生产的 ISD1110 芯片，并内含 64KB EEPROM 存储器、低噪声传声器前置放大器、自动增益 AGC 控制电路、适合语音的专用滤波器、具有极高温度稳定性的时钟振荡电路以及全部语音处理电路。它采用全贴片工艺制造，具有微型化、使用方便、语音任意录放、断电语音保存、微功耗、可直接推动扬声器、音质与磁带效果相当等特点。模块还提供了多种应用方式选择和接口，可方便地应用到各种集成电子语音系统。ISD1110M 语音录放模块外形如附图 E-5 所示。

附图 E-5　ISD1110M 语音录放模块

（1）ISD1110M 语音录放模块的特点

1）单片语音录放电路，内含 EEPROM 存储器，可永久性存储信息，可反复录、放音 10 万次，存储信息可保留 100 年。

2）使用方便，无需编程及开发系统，可随意改变录音内容。

3）单电源 5V 供电，具有自动节电功能。

4）直接使用普通驻极体传声器录音，可驱动 8～16Ω 扬声器放音。

5）采用简易的手动控制方式，可选择循环放音方式。

6）休积小巧，厚度仅为9mm。

（2）典型应用电路 ISD1110M语音录放模块典型应用电路如附图E-6所示，只要接上扬声器、传声器、按键与电源就能进行语音录放工作。

其操作方法为：接通电源，模块即自动进入节电准备状态。按住录音键SB₁，对传声器BM讲话即可进行录音，此时录音指示灯VL亮，直至松开SB₁键或模块内部存储器录满，录音结束后便进入准备状态。录音键的优先级高于两个放音键。

放音有两种方式：SB₂为边沿触发放音键，按动一下SB₂，即给模块PE端输入一个低电平脉冲，模块即进入放音状态，播放已录内容直至结束，或给模块PL端一个负脉冲，放音结束，电路进入准备状态；SB₃为电平触发放音键，按下SB₃键不放使模块PL端保持低电平，模块进入持续放音状态，直至松开SB₃键，放音结束，模块进入准备状态。

如果将模块的L端改接高电平（V_{CC}）时，按SB₂键即循环放音，按SB₃键即停止；或按住SB₃键循环放音，松开即停止。若L端接地（V_{SS}），则不循环放音，每触发一次放音一遍。录音状态下L端应接地。

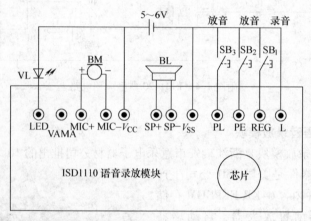

附图 E-6 ISD1110M语音录放模块典型应用电路

二、步进电动机专用驱动芯片

步进电动机是一种将电脉冲转化为角位移的执行机构。它的旋转是以固定的角度一步一步运行的。可以通过控制脉冲个数来控制角位移量，从而达到准确定位的目的；同时可以通过控制脉冲频率来控制电动机转动的速度和加速度，从而达到调速的目的。步进电动机具有精度高、惯性小、工作可靠、能实现高精度快速开环和闭环控制的特点，是一种性能良好的数字化执行元件。随着数字技术和计算机的迅速发展，以及步进电动机本身技术的提高，步进电动机广泛应用于伺服控制、经济型数控系统控制，并将会在更多的领域得到应用。下面介绍一种步进电动机专用驱动芯片L297、L298。

L297是步进电动机专用控制器，它能产生四相控制信号，可用于计算机控制的两相双极和四相单极步进电动机。该器件采用双列直插20脚塑封封装，其引脚如附图E-7所示。L297的特性是只需要时钟、方向和模式输入信号，相位是由内部产生的，因此可减轻计算机（或单片机）和程序设计的负担。

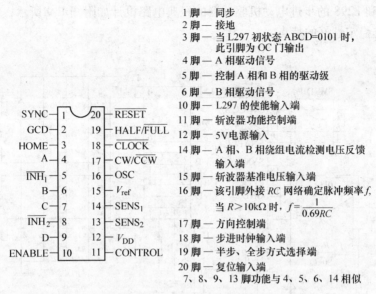

1 脚——同步

2 脚——接地

3 脚——当 L297 初状态 ABCD=0101 时，此引脚为 OC 门输出

4 脚——A 相驱动信号

5 脚——控制 A 相和 B 相的驱动级

6 脚——B 相驱动信号

10 脚——L297 的使能输入端

11 脚——斩波器功能控制端

12 脚——5V 电源输入

14 脚——A 相、B 相绕组电流检测电压反馈输入端

15 脚——斩波器基准电压输入端

16 脚——该引脚外接 RC 网络确定脉冲频率 f，当 $R > 10\text{k}\Omega$ 时，$f = \dfrac{1}{0.69RC}$

17 脚——方向控制端

18 脚——步进时钟输入端

19 脚——半步、全步方式选择端

20 脚——复位输入端

7、8、9、13 脚功能与 4、5、6、14 相似

附图 E-7　L297 引脚及部分引脚功能

　　L298 是双 H 桥式驱动器，引脚如附图 E-8 所示。L298 内含的功率输出器件设计制作在一块石英基片上，由于制作工艺的同一性，因而具有分立元器件组合电路不可比拟的性能参数一致性，工作稳定。L298 内部包含 4 通道逻辑驱动电路。其额定工作电流为 1A，最大可达 1.5A；V_{SS} 电压最小为 4.5V，最大可达 36V；V_S 电压最大值也是 36V。附表 E-1 是其使能、输入引脚和输出引脚的逻辑关系。

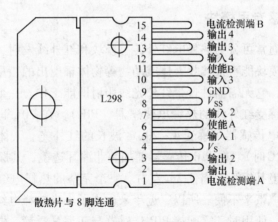

附图 E-8　L298 引脚

附表 E-1　L298 使能、输入引脚和输出引脚的逻辑关系

使　能	输入 1（输入 3）	输入 2（输入 4）	电动机运转情况
H	H	L	正转
H	L	H	反转
H	同输入 2（输入 4）	同输入 1（输入 3）	快速停止
L	×	×	停止

使用 L297 和 L298 的步进电动机驱动器的经典电路设计如附图 E-9 所示，它具有外围元器件简单，工作稳定性好的特点。

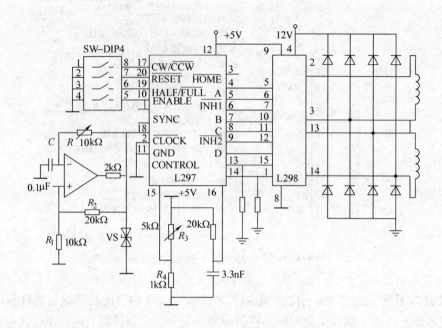

附图 E-9　步进电动机驱动与控制电路原理图

三、红外线传感专用模块

红外线传感模块通常可分为热释电红外传感模块和红外线发射、接收模块等几大类。

热释电红外传感模块能直接接收人体或动物等物体辐射出的微量红外光线，并将其转换为相应的电信号输出，它无需器件自带红外光线照射即能工作。一个完整的热释电红外探测器件必须要有一个能感受红外线的热释电传感器（PIR），在 PIR 里装有滤光镜，只让红外光线进入。一般热释电传感器可感受 4～20μm 波长的红外光。人体辐射的红外光波长一般在 9～10μm（体温 37℃时）。在 PIR 传感器前加装菲涅耳透镜，其探测距离可增加到 10m 以上，而不加菲涅耳透镜其探测距离仅 2m 左右。一个完整的热释电红外探测器，其电路和结构都比较复杂，给用户带来不便。所以，近年来出现了不少热释电红外传感模块，有的仅将处理电路进行模块化，使用时还需配接 PIR 传感器与菲涅耳透镜，但外围电路相当简单；有的还将 PIR 传感器做了进去，使用时只要加装菲涅耳透镜就可以工作；有的甚至于将菲涅耳透镜、PIR 等统统集合在一些，通电即可探测人体辐射的红外光。

红外线发射、接收模块是属主动式控制器件，接收模块接收到的红外光线是来自于红外发射模块（或红外发光管）发出的编码红外光线，而非人或物体辐射的微弱红外光。采用红外光线进行近距离数据传递、遥控等，其优点是传递载体为不可见红外光，保密性强，且不会对无线电通信及广播设备造成电磁干扰。目前，电视机、VCD 机、DVD 机等的遥控器都采用红外光遥控。它的电路也比较复杂，目前也诞生了模块化的红外线发射、接收电路，从而使用户自行组装红外数据通信、遥控电路及红外感应报警器工作大为简化。

1. TWH9601 一体化热释电红外探测控制模块

TWH9601 一体化热释电红外探测控制模块由广东中山达华电子厂生产，模块已做成组件成品，采用 ABS 塑料外壳，外壳正前方安装有菲涅耳透镜窗，内部有一块热释电红外控制器完整的印制电路板，板上安装有 PIR 传感器、控制电路及继电器开关输出，控制电路采用先进的微波处理器 TWH9601 集成电路。采用该模块可使热释电红外控制变成完全傻瓜化，安装使用非常简单。

TWH9601 一体化热释电红外探测控制模块，属继电器输出控制型，是专为各种电器作人体感应自动控制而设计生产的被动式红外移动探测控制器，能全天候工作。当它探测到人体热辐射时，内部继电器触点闭合（即两根蓝色引出线短接），从而接通被控电器的电源，使电器通电工作。

模块组件的外形如附图 E-10 所示。它采用米黄色 ABS 塑料盒封装，最大外形尺寸为 104mm×72mm×43mm，盒面上开有菲涅耳透镜窗，控制器对外仅 4 根引出线：其中红、黑线分别接直流 12V 的正极与负极，两根蓝色线为继电器触点输出线。触点控制容量：阻性负载时为 500W，感性负载应降额至 1/3。其主要特性参数见附表 E-2。

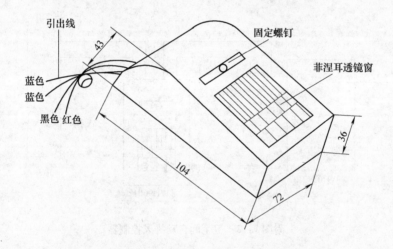

附图 E-10　TWH9601 一体化热释电红外探测控制模块

附表 E-2　TWH9601 一体化热释电红外探测控制模块主要特性参数

参 数 名 称	参 数 值	参 数 名 称	参 数 值
探测角度	80°，距离≥7m	静态功耗	5mA
安装高度	离地 1.8m	传感器	SO2 或 SO4
安装位置	室内墙面或墙角上	输出延迟	约 10s
工作电源	DC12V、0.2A	输出功率	≤500W

TWH9601 模块典型应用电路非常简单，如附图 E-11 所示。只要在模块的红、黑线间接

上直流 12V 电源，将模块悬挂于高处（塑料盒背面有不干胶，可以直接粘贴在墙壁上），要求菲涅耳透镜窗对准要监控的方向，两根蓝色线并联在要控制电器的开关（如电灯开关、排气扇开关、警报器开关等）两端。只要有人进入它的监视范围，模块内部继电器就动作吸合，常开触点闭合 10s 左右，所控制的电器如电灯、排气扇等就工作 10s 左右。如果人体不断活动，被控电器将持续工作，人离开后，电器延迟 10s 自动关闭。

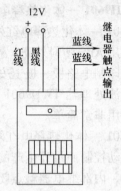

附图 E-11　TWH9601 模块
典型应用电路

应用实例：一个简单实用的卫生间自动排风控制器。只要有人进入卫生间，排气扇就自动排风，人走后风扇延迟 10s 自动停止。自动排风控制器的电路如附图 E-12 所示，整个电路仅由电源 AC/DC 变换模块 A_1、一体化热释电红外探测控制模块组件 A_2 组成。

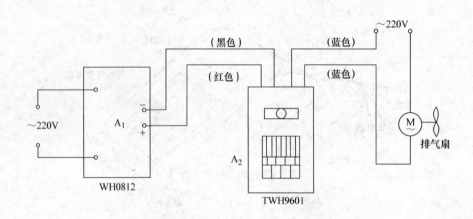

附图 E-12　卫生间自动排风控制器

A_1 是 AC/DC 变换模块，它能将 220V 交流电直接变换为 12V 直流电供 A_2 使用，不但简化了电路，而且还缩小了整机体积，外形尺寸仅为 48mm × 38mm × 22mm。A_1 的型号为 WH0812，A_2 即为 TWH9601 一体化热释电红外探测控制模块组件。

本电路由于采用专用模块及组件，所以安装与使用都非常简单。安装好后，首次通电时 A_2 需有一个预热时间，约预热数分钟后，电路即能进入正常工作状态。在安装时还需注意 A_2 不应安装在室外或室内有冷热气流交汇处，以免影响内部传感器正常工作。A_2 的透镜窗应对准人体横越通过的位置，这样探测灵敏度为最高。

2. T9231 一体化微波、热释电红外探测控制模块

T9231 探测控制模块是由广东中山达华电子厂生产的集微波、热释电红外传感器为一体的傻瓜式人体感应探测模块，由于它将微波雷达与被动式热释电传感器巧妙组合在一起，能在空间形成双重警戒区，具有极高的探测灵敏度，且误报率极低，任何不法之徒都难以逃脱

它的监视。

　　T9231 探测器已组装成组件成品化，整个模块电路板安装在一个 ABS 塑料盒内，对外仅为一根长约 3m 的双芯屏蔽电缆线，红色芯线为电源正端；白色芯线为控制信号输出端，为下拉式灌电流输出，可驱动小功率电磁继电器动作；屏蔽线的金属皮网为电源负端。模块主要特性参数见附表 E-3。其外形如附图 E-13 中虚线右边所示，监视区域范围如附图 E-14 所示。

附表 E-3　T9231 一体化微波、热释电红外探测控制模块主要特性参数

参 数 名 称	参 数 值	参 数 名 称	参 数 值
探测角度	80°，距离≥7m	静态功耗	6mA
安装高度	离地 1.8m	传感器	SO2 或 SO4
安装位置	室内墙面或墙角上	输出延迟	约 10s
工作电源	DC12V、0.3A	最大驱动电流	≤50mA（下拉式灌电流输出）

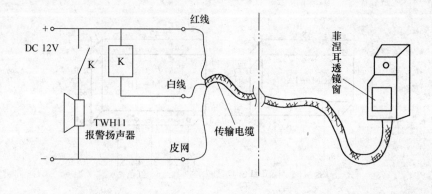

附图 E-13　T9231 探测控制模块

　　典型应用电路：T9231 模块典型应用电路如附图 E-13 所示，这是一个防盗报警系统。当移动人体进入模块的监视区域，经微波雷达与两只热释电红外传感器共同确认目标介入时，探测模块才输出控制信号，继电器 K 吸合，其常开触点闭合接通报警扬声器 TWH11 的电源，即发出响亮的报警声。该电路适合家庭庭院、仓库、料场等场合作防盗、保安监控之用。

四、微型无线电遥控发射与接收模块

　　在众多的电子模块中，微型无线电遥控发射与接收模块最为活跃，且品种繁多。采用微型无线电发射与接收模块制作各种无线

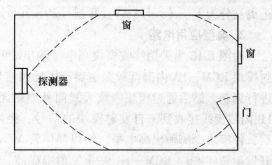

附图 E-14　T9231 模块监视区域方位图

131

电遥控器，不但电路简单，工作可靠稳定，而且体积大为缩小，用它制作的成品遥控器有的还可以挂在钥匙圈上，极大地方便用户随身携带。按遥控距离来分，可大致分为近距离遥控模块（500m 以内）、中距离遥控模块（500～1000m）与远距离遥控模块（大于1000m）等几类。本节仅介绍 RCM—1A/RCM—1B 无线电发射与接收模块。

1. 模块简介

RCM—1A/RCM—1B 是西安华翔科技研究所生产的微功耗超短波无线电遥控发射与接收模块，它采用模拟和数字电路混合集成的方式，发射与接收模块内部已分别集成了调制与解调电路，使用非常方便，特别适合电子爱好者自己动手制作各类无线电遥控电路，可广泛用于报警器、电动玩具等。

RCM—1A 是无线电遥控发射模块，只需外接电源，就会向周围空间发射经音频调制的超高频无线电磁波；RCM—1B 是无线电接收模块。它们的外形尺寸与引脚排列如附图 E-15 所示，其中红色引线为电源正端 V_{DD}。发射模块仅有两个引脚：1 脚为电源负端 V_{SS}，2 脚为电源正端 V_{DD}。接收模块有 5 个引脚：1 脚为外接延迟电容端，2 脚为高电平输出端，3 脚为低电平输出端，4 脚为电源正端 V_{DD}，5 脚为电源负端 V_{SS}。

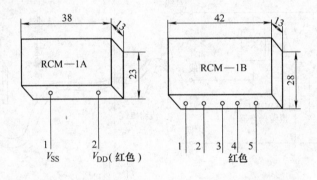

附图 E-15　RCM—1A/RCM—1B 外形尺寸与引脚排列

模块的基本功能是当两模块在控制范围内，发射模块工作时，接收模块 2 脚输出高电平，3 脚输出低电平；当发射模块不工作时，接收模块 2 脚输出低电平，3 脚输出高电平。采用高、低两种电平输出，可使被控电路设计更加灵活方便，以实现各种控制功能。

RCM—1A/RCM—1B 发射与接收模块的工作频率在 250～300MHz 之间。模块根据控制距离又分为 I 型（8～15m）、II 型（20～30m）和 III 型（35～45m）三种。

2. 典型应用电路

附图 E-16 为采用接收模块高电平输出端的单通道遥控电路。当按下发射按钮 SB 时，发射模块 RCM—1A 内部低频振荡器产生低频信号，并同时对工作的超高频振荡器产生的信号进行调制，然后通过模块内藏天线向外辐射无线电磁波。在控制范围内，接收模块 RCM—1B 内藏天线接收到来自发射模块的信号，经内部电路解调、放大、检波、延迟、电平转换后，使模块 2 脚输出高电平，所以晶体管 VT 获得基极偏流导通，故使指示灯 HL 点亮。松开发射按钮 SB，RCM—1A 停止发射电磁波，接收模块 RCM—1B 的 2 脚恢复低电平，指示灯 HL 熄灭。

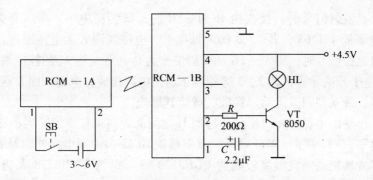

附图 E-16　遥控电路

如果将 HL 换成玩具电动机，它就是一个实用的遥控电动玩具电路。如将 HL 改为合适的继电器，通过其触点则可控制大电流设备。本电路是处于单稳工作方式，非常适合制作各种报警器、遥控玩具、遥控门铃、遥控门锁等。

附图 E-17、附图 E-18 为一个气功击爆气球魔术表演电路，魔术师对着远方的气球发"功"，只见魔术师一挥手，口喊"呸！"气球就"叭"的一声被击爆，具有很强的观赏性。

发射机电路如附图 E-17 所示，接收机电路如附图 E-18 所示。因发射机体积很小可以隐藏在魔术师的衣袖内，接收机则安装在放置气球的桌子里面。

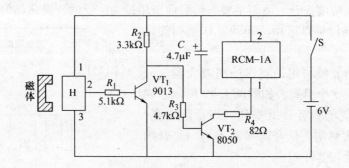

附图 E-17　气功击爆气球发射机

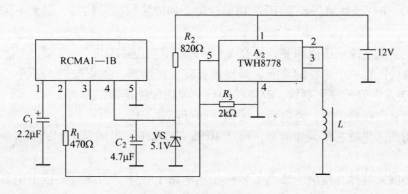

附图 E-18　气功击爆气球接收机

当发射机没有发射信号时，接收机 RCM—1B 的 2 脚为低电平，所以开关集成电路 A_2 的控制端 5 脚电平低于 1.6V，其 2、3 脚为低电平，电磁线圈 L 无电流通过，机关不动作。一旦发射机发出遥控信号时，RCM—1B 的 2 脚突变为高电平，使 A_2 的控制端 5 脚电平大于 1.6V，A_2 内部电子开关导通，其 2、3 脚相当于与正电源接通，电磁线圈 L 通电，即由它控制的电磁铁动作，带动细钢丝运动，穿破气球让其爆炸。

发射机的工作是由小磁体相对霍尔传感器 H 之间的距离来控制的，当小磁体靠近 H 时，其 2 脚输出低电平，VT_1 截止，VT_2 导通，发射模块 RCM—1A 通电向外辐射遥控信号。

霍尔传感器应选用磁感灵敏度较高的 UGH3120 型。A_2 为 TWH8778 大功率开关集成电路，L 为 12V 直流电磁铁，行程尽量长一些为好，具体通道可自行设计。表演时，将气球道具放置在离魔术师 5~10m 远处，然后假装运气发功，让藏在右手袖口里的小磁体去靠近左手袖口里的霍尔传感器，此时发射机工作，接收机收到信号后，电磁铁动作，钢丝直刺气球，"叭"的一声，气球爆炸。

五、傻瓜功放模块

音频功率放大器是音响设备中的主要部件，其性能指标好坏将直接影响音响设备质量，因此音响设备制造厂家的技术人员及不少音响发烧友都致力于音频功率放大器线路的研究。随着微电子技术的发展，为简化音频功率放大器线路的设计，现在已诞生了不少免试的傻瓜式音频功放模块，采用这些傻瓜模块不但使音频功放器线路得到简化，更重要的是功放器的性能指标也得到大幅度提升。下面主要介绍目前应用最为广泛的、贵州都匀一中生产的一种新型的免外围元器件单声道功放模块：D 系列傻瓜功放模块。

D 系列傻瓜功放模块用来制作功率放大器十分简单方便。对外仅 5 个引脚，如附图 E-19 所示。它输出功率强劲，现场聆听效果非凡，高音部明亮、清澈，中音域层次鲜明，低音部雄浑有力，是音响发烧友理想的功放新器件。

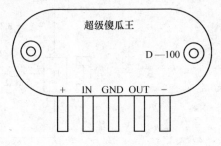

附图 E-19　D 系列功放模块

1. 该系列模块主要特点

1）它自身带有散热基板厚度达 4mm，如不另加散热器，D—100 模块可保证有 10W 功率输出，如加装标准散热器，最大不失真功率可达 50W。

2）模块使用电源电压范围宽，可在 5~50V 范围内正常工作。

3）模块内还有一个奇特的功能，即设置有防反接装置，如安装时，不小心将电源极性接反，也不会发生烧毁模块事故，改正接线后，模块即能正常工作。

4）免调试。接线正确，通电后不用调试即可正常工作。

5）采用高速优质芯片，频响宽，可达 10Hz~350kHz，可满足不同档次音响发烧友的需要。

6）免外围元器件。模块内浓缩了多种功能电路于一体，因此只要接上电源、音箱、信号源即可正常工作，不必另加任何元器件。

D 系列超级傻瓜王目前有 D—100、D—150、D—200 及 D—300 等多种型号。

2. 典型应用电路

D 系列"超级傻瓜王"功放模块的典型应用电路分别如附图 E-20、附图 E-21 所示。附图 E-20 为单电源单声道 OTL 输出的典型应用电路，附图 E-21 为采用正负双电源的单声道 OTL 输出的音频功率放大器电路。这两个电路均适用于 D—100、D—150、D—200 等型号的傻瓜功放模块。

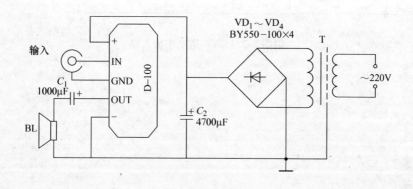

附图 E-20　单电源 OTL 功率放大器电路

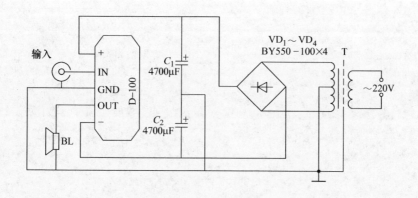

附图 E-21　双电源 OTL 功率放大器电路

如果要组成双声道输出功率放大器，需要采用两块 D 系列"超级傻瓜王"功放模块，具体电路如附图 E-22 所示。由图可见，电路十分简单，只有信号输入、输出及电源电路，几乎无任何外围元器件。

上述各电路中整流二极管 $VD_1 \sim VD_4$ 应采用 BY550—100 型。整流滤波电容可用 CD281 或 Rubycon 进口大容量电解电容器，耐压值视电源电压而定。电源变压器 T 的功率容量应足够，二次电压可视输出功率而定，一般应不超过极限工作电压的 0.8 倍。扬声器可用市售各种牌号的成品。

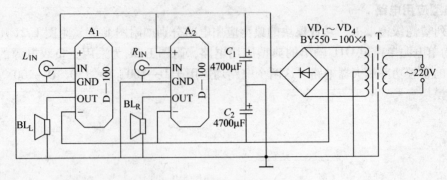

附图 E-22　双声道功率放大器

参 考 文 献

[1] 钟长华. 电子技术选修实验 [M]. 北京：清华大学出版社，1995.
[2] 秦曾煌. 电工技术 [M]. 北京：高等教育出版社，2000.
[3] 秦曾煌. 电子技术 [M]. 北京：高等教育出版社，2000.
[4] 孙君曼. 电工电子实验教程 [M]. 北京：北京航空航天大学出版社，2004.
[5] 沙占友. 万用表最新妙用 [M]. 北京：机械工业出版社，2005.
[6] 陈有卿，谢刚，等. 新颖电子模块应用手册 [M]. 北京：机械工业出版社，2003.

参考文献